トラクター&トレーラーの構造

GP企画センター 編

グランプリ出版

編集部より

本書は、二〇一〇年九月に刊行した同書のカバーデザイン等を変更した新装版です。なお、内容は執筆時の二〇〇〇年当時のものです。

はじめに

高速道路をはじめとする道路網の整備は、1960年代から70年代にかけて進んだが、それによって、我が国の物資の陸上輸送の中心は、鉄道貨物からトラックに移っていった。それまでは、大きな工場では、原材料や製品の運搬のために工場内まで引き込み線があって、鉄道貨物に頼っていた。大量輸送には、本来ならば鉄道を利用するのが経済的なのだが、小回りが効かないことや効率の悪さなどがあって、鉄道の利用は年々減少した。機関車が何十台という連結した貨車を牽引して走る姿が見られなくなった。かわりに、トラックが輸送の主役になり、それにつれて大型トラックが幹線道路を走る姿が見られるようになった。

物資の輸送には、小さい荷台のもので何回も運ぶより、一度に大量に運ぶ方が効率がよいに決まっている。そのためにトラックの大型化が進行したが、欧米に比較すると、そのスケールが日本は小さいといわざるを得ない。とくに大量輸送で有利なトレーラーの走る数は多くないだけでなく、その大きさもそれほどではない。道路そのものが狭いことや各種の規制があって、大型トレーラーが走れるようなインフラの整備が進んでいないといっていい。日本では小回りが効くことの優先順位が高いせいもあるが、日本全体の輸送効率の追求という観点で見れば、大量輸送方式をもっと整備する必要があるだろう。とくにトレーラーを利用した輸送は、トラック輸送と鉄道輸送の中間的なもので、これまで以上に注目してよいものである。

この本は、これまで発行した「トラック・その魅力と構造」や「特装車とトラック架装」とは姉妹編にあたるもので、牽引するトラクターと荷物を載せるトレーラーの構造や、採用されている技術について記述したものである。一般には馴染みの少ないものではあるが、これを機会に理解が深まる一助になるとともに、将来の物資輸送の一層の効率化推進を願うものである。

最後になったが、この本をまとめるにあたって、各メーカーの方々に取材や資料提供に関して大変お世話になった。ここに改めて感謝の意を表したい。

青山　元男

目次

トラクター＆トレーラーとは

●トラクター＆トレーラー

日常的にトラクター＆トレーラーを意識している人は意外に少なく、単にトラックや特装車として認識している人も多い。しかし、注意して見てみると、数多くのトラクター＆トレーラーが使用されている。トラクター＆トレーラーにもいろいろな種類があるが、もっとも多用されているセミトラクターの場合、直線走行している際にはトラックと見分けにくいかもしれないが、カーブを曲がる際にその違いがよく分かる。

トレーラー　平成10年度生産台数

（単位：台）

形状別	低床		平床（アオリ付を含む）						バン			コンテナ用			タンク						ダンプトレーラー	ポールトレーラー	車載用		フルトレーラー	その他	合計	対前年比(%)
種類別	低床	中低床	基準内		基準外				ドライ	冷凍	側面開放	20′	40′	その他	石油類	粉粒体		高圧ガス	ミルク・食品	その他			セミトレーラー	フルトレーラー				
			平床	段付	平床		段付									セメント	飼料											
区分					2軸	3軸	2軸	3軸																				
国内用	56	73	808	68	7	23	9	14	95	58	738	281	1,554	137	203	52	15	28	10	7	30	27	318	12	79	38	4,740	71.8
輸出用	1																					3					4	44.4
構内用	1		5									1													4		11	39.3
合計	131		934						891			1,973			315						30	30	330		83	38	4,755	71.7
対前年比（%）	28.0		34.4						83.1			189.2			60.8						34.9	50.8	83.8		47.2	35.5	71.7	

（社）日本自動車車体工業会

トラクター&トレーラーの場合、カーブを曲がる際にはクルマのどこかで車両が折れ曲がる。この部分でトラクターとトレーラーの連結が行われている。

もっとも目にしやすいトラクター&トレーラーは、ウイングボディも含めたバンボディのもので、高速道路などを利用した長距離輸送で使用されている。ガソリンスタンドに燃料を運んでくるタンクローリーも、スペースに余裕のあるスタンドには一度に大量に輸送できるタンクトレーラーで配送されることが多い。大きな牧場が近くにあったり、セメント工場が近くにあれば、粉粒体運搬車と呼ばれる特装トレーラーを見掛けることがあるはずだ。

こうしたトラクター&トレーラーを意識しない人でも、重機などの重量物や建造物の一部などの長大物を輸送するものとして、トラクターをイメージする人は多い。確かに、トラクター&トレーラーは、こうした重量物や長大物を輸送するのに適した車両だが、実際には貨物輸送にも大きなメリットがある。

トラクター&トレーラーのメリットには、トラックに比べて積載量を増大できる点が第一に挙げられる。積載量には、積載重量と積載容量があり、詳細は後で解説するが、このどちらもが大型トラックより大型トラクター&トレーラーのほうが有利となる。これにより重量物や長大物の輸送ばかりでなく、大量の貨物輸送にもトラクター&トレーラーが適していることになる。欧米では、1台のトラクターに複数のトレーラーを連結した超大量輸送が行われることもある。

トラクター&トレーラーのもうひとつのメリットには脱着可能と、接続の互換性があげられる。それぞれに用途の異なる特装トレーラーを用意しておき、必要に応じて

トラクターに接続して現場に向うといった脱着できることを活かした使い方もあるが、このメリットは貨物輸送で大きな威力を発揮する。それぞれの国や地域でトラクターとトレーラーの接続方法がある程度は定められているので、その地域を走行するトラクターとトレーラーでは、分離したり連結したりすることが自由にできる。これにより、運送と荷役の時間が重複することなく、効率よく輸送を行うことができる。

たとえば地点Aと地点Bで往復輸送を行う場合、地点Aから地点Bに到着したトラクターは、トレーラーAを切り離し、あらかじめ荷物を積んでおいたトレーラーBを接続して、すぐにA地点へ向けて出発できる。ドライバーは荷物の積み降ろしを待つ必要なく、トラクターを効率的に使用できる。地点Aに戻ったトラクターは、トレーラーBを切り離し、すでに荷物が積まれているトレーラーCを接続して、再び地点Bに向けてすぐに出発できる。長距離を輸送しなければならない場合も、トラックヤードなどを中継地点として、トレーラーの受け渡しを行うことが可能だ。この方法は欧米でよく利用されているが、トラクター＆トレーラーの周辺環境が整っていないこともあり、日本ではまだあまり活用されていない。

日本ではトレーラーと内海フェリーを併用した無人運送システムが発展している。たとえば北海道の農作物を積んで北海道内の港のフェリー埠頭までトラクター＆トレーラーで輸送。切り離されたトレーラーは無人のままフェリーで運ばれ、横浜の港のフェリー埠頭では現地のトラクターが出迎え、連結して最終目的地まで運ぶ。これにより、トラクターを効率よく使うことができる。フェリー埠頭にはトレーラー置き場があり、フェリーへのトレーラーの乗船や下船には、埠頭の専用トラクターで行われるため、そこまでトレーラーを運んできたトラクターはフェリーを待って時間を無駄にしたり、慣れない乗船作業で苦労する必要もなくなる。

トラクター&トレーラーは、このように効率的に活用することができるため、数の比率ではトラクターの3倍のトレーラーがあるといわれている。余談ではあるが、こうした数多いトレーラーでは駐車場が大きな問題となる。1台でも広いスペースをとってしまうため、大きな港などのトレーラー置き場では、積み荷のないトレーラーを縦にして立て掛けるように駐車(?)していたり、立体駐車場のようにトレーラーを重ねて駐車していることもある。

欧米では、こうしたトラクター&トレーラーによる輸送には、すでに長い歴史がある。日本では昭和の初期からトラクター&トレーラー輸入例はあるが、実質的には第二次大戦後にアメリカ軍が持ち込んだ戦車や大砲を輸送するものが始まりといえる。こうした歴史から、日本のトラクター&トレーラーは、重量物や長大物輸送のための車両として発達した。そのため、大量輸送や輸送効率を向上させるための車両としての発展は遅れた。発展が遅れた背景には、当時の道路事情の悪さもあった。トレーラーはローリングを起こしやすいため、悪路には不向きだ。

1960年代に入ると本格的自動車道路の建設が活発化し、これによって自動車貨物輸送が飛躍的に発展したが、効率化の手段として単車のトラックから高速トレーラー輸送へ注目が集まり始めた。また、60年代後半になると、海上コンテナによる輸出入が始まり、これに対応したトラクター&トレーラーが登場。さらに、70年代に入ると内海のカーフェリーを併用したトラクター&トレーラーによる貨物輸送も始まっている。だが、全般的に見れば、欧米に比べると日本ではトラクター&トレーラーの利用はまだまだ数少ない。

1993年の車両総重量規制緩和では、トレーラーの最大総重量は従来の20トンから28トンに変更され、荷台長も従来の12mから最大で13.6m程度まで取ることが可能になった。これを受けて、新規格トレーラーやトラクターが登場してきた。

規制緩和に加えて、95年秋のABS全面装着化前の駆け込み需要もあり、95年度には約1万4000台の生産台数となった。しかし、94年度下期の7811台をピークにトラクターの生産台数は減少傾向にあり、大型車中のトラクター台数比率でも、ピークの94年度下期には16.5%に達していたものが、現在では10%程度になっている。

トレーラー市場では1997年にISO規格海上コンテナフル積載輸送実現による大きな需要も発生している。従来はISO規格海上コンテナを規定量満載状態でそのまま輸送するトレーラーが認められていなかったが、規制緩和によって一定の条件を満たした

トレーラーには輸送が認められた。この規制緩和に際しては、新規格車購入に対して国から助成金も交付された。助成金対象台数は40フィート海上コンテナ用トレーラー・955台で、特需ともいえる需要が発生した。この動きによって、さらに新規格車への代替が促進されるかとも思われたが、実際にはあまり進んでいない。

しかも、トラクター＆トレーラーに不利な点はまだまだいろいろとある。トラクターの運転にはけん引免許が必要になるため、ドライバーも専門職という傾向が強く、それだけに人件費も高くなる。トラックターミナルが充実していないこともトラクター＆トレーラーには不利な点といえる。

トラクター＆トレーラーはバックが難しく、小回りもきかないうえ、連結や分離には一定のスペースが必要となる。こうした条件を満たしたトラックターミナルが少ないため、トラクター＆トレーラーは運行に制限を受けてしまう。加えて、道路交通法の改正によって97年10月からは、工事や渋滞などの事情により、やむをえない場合を除いてトラクター＆トレーラーは高速道路で左の車線しか走行できなくなった。

ただ、トラックの大型化と同様に、トラクター＆トレーラー化は物流の効率化には不可欠なものとして注目を集めていることは確かだ。規制緩和の流れのなかで、トラクター＆トレーラーへの制限がさらに緩和されていけば、トレーラー化が一層進む可能性はある。

実際、トラクターの生産台数は決して多くはないが、たとえばバンボディのトレーラーの生産は、1993年までが年間500台程度だったものが、以降は年間1000台程度で推移している。規制緩和に加えて、過積載取り締まりの強化などを背景に、バンボディのトラックからトラクター＆トレーラーへの移行は徐々に始まっている。全般的に見れば、少しずつではあるが規制が緩和されていることは事実であり、今後のトラクター＆トレーラーの動きに期待がかかっている。

●トラクター＆トレーラーの種類

トラクター＆トレーラーは、日本語では連結車といわれるが、この名称で呼ばれることはあまりなく、JISの用語でも「連結車」だけでなく「トラクタ」と「トレーラ」も採用されている。駆動装置を備えず、けん引される車両がトレーラーで、日本語では「被けん引車」となる。駆動装置を備えて、けん引する車両はトラクターでありトレーラーヘッドなどと呼ばれることもあり、日本語では「けん引車」となる。アメリカでは、連結車として「Conbinations」が使われることが多く、イギリスでは単車の「Rigid Vehicle」に対して「Articulated Vehicle」が使われることが多い。連結車に対して、一般的なトラックは「単車」と表現される。

また、「トレーラー」という言葉は、連結車全体を指すこともあり、トラクター＆トレーラーの形式を表現するような場合には、単に「○○トレーラー式」などと呼ばれることもある。こうしたトラクター＆トレーラーには、各種特装車同様に公道走行を前提としない構内トラクターや構内トレーラーと呼ばれるものもあるが、これらについては機会を改めることにして、ここでは公道走行できるトラクター＆トレーラーを扱う。

トラクター＆トレーラーを形式で大別すると、フルトレーラー式とセミトレーラー式になる。フルトレーラーをけん引するトラクターはフルトレーラー用トラクター、同様にセミトレーラーをけん引するものはセミトレーラー用トラクターと呼ぶのが正式だが、一部で使用が始まっているため、本書ではそれぞれフルトラクター、セミトラクターと呼称する。

フルトレーラー式は、トラクターにも荷台がある構造で、外観上は単車のトラックと大差ない。フルトラクターとトラックの外観上の違いは、後部にトレーラーを連結するための装置であるけん引フックが用意されている程度だ。フルトラクターにけん引されるフルトレーラーは、それ自体で自立できるように最低でも4輪を備え、走行

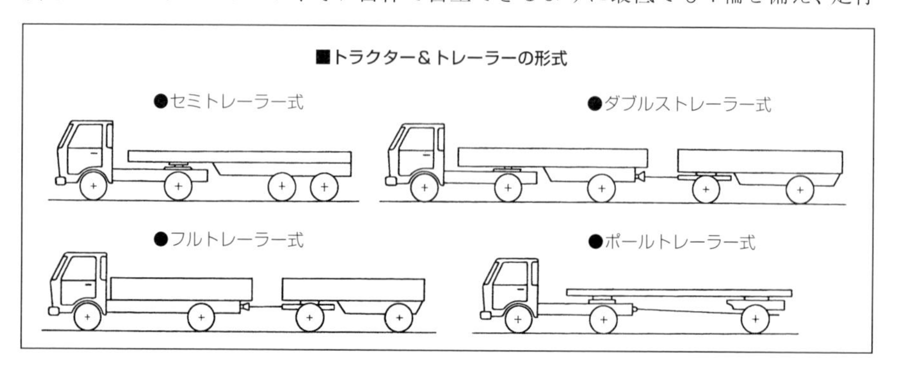

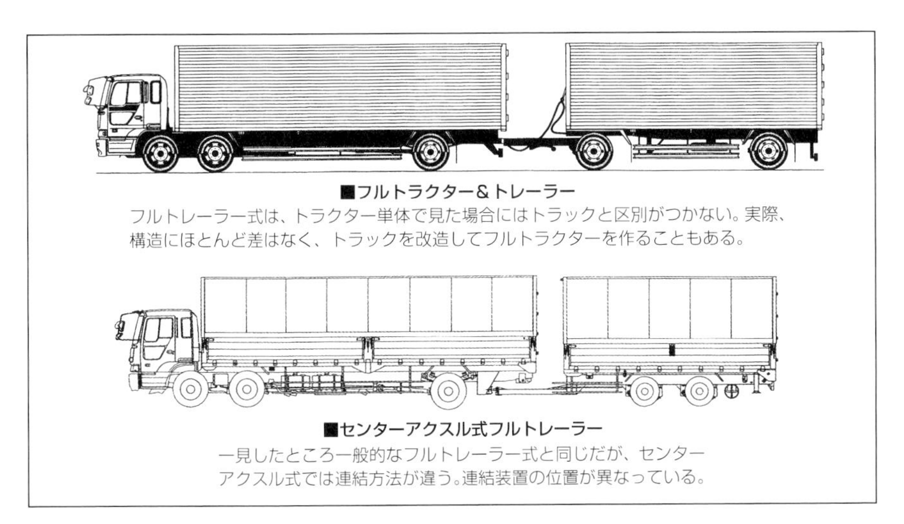

■フルトラクター＆トレーラー
フルトレーラー式は、トラクター単体で見た場合にはトラックと区別がつかない。実際、構造にほとんど差はなく、トラックを改造してフルトラクターを作ることもある。

■センターアクスル式フルトレーラー
一見したところ一般的なフルトレーラー式と同じだが、センターアクスル式では連結方法が違う。連結装置の位置が異なっている。

中の総荷重はトレーラーだけで支えている。最前部には連結装置であるドローバーとルネットアイが装備されている。

以上が一般的なフルトレーラー式だが、最近ではフルトレーラー式の一種としてセンターアクスル式が登場してきている。フルトラクター側の連結装置であるけん引フックは車両後端ではなく、最後端の車軸付近に備えられ、これに応じてフルトレーラー側の連結装置であるドローバーも長いものが使用され、さらにフルトレーラーの前後の車軸を中央付近に寄せている。連結車両が折れ曲がる点が減るため、後退時の扱いが多少は容易になることに加えて、フルトレーラーの荷台長を通常のフルトレーラー式より長くすることが可能だというメリットがある。

セミトレーラー式では、トラクターには荷台がなくけん引するための車両とされている。トラックの荷台部分に相当する位置には、カプラーと呼ばれるセミトレーラーを連結する装置が備えられている。荷台部分となるセミトレーラーは、最小の場合は

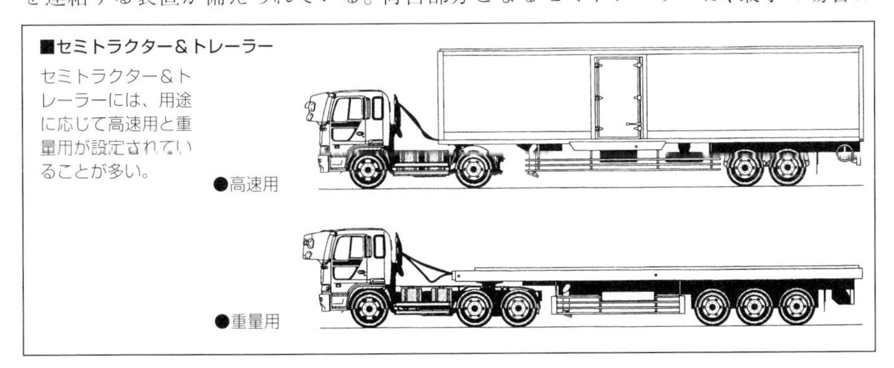

■セミトラクター＆トレーラー
セミトラクター＆トレーラーには、用途に応じて高速用と重量用が設定されていることが多い。

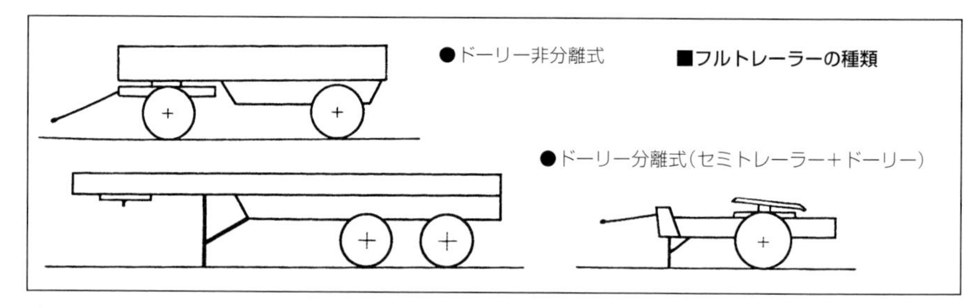

車両後方に2輪を備えるだけでトラクターに接続されてはじめて走行することができる。車両前方の荷台下にはキングピンと呼ばれる連結装置があり、これがセミトラクターのカプラーに接続される。ここを介してセミトレーラーの荷重の一部は、連結されたセミトラクターにかかることになる。こうした構造であるため、セミトラクターから分離された状態では、セミトレーラーの車両前方をランディングギアと呼ばれる補助脚で支えなければならない。

また、セミトレーラーはドーリーと組み合わせてフルトレーラーとして使うこともできる。ドーリーとは、フルトラクターと接続するためのけん引具を備えた台車で、台車上にはセミトレーラーと連結するための連結装置であるカプラー（セミトラクターに備えられているものと同じ）が配されている。

セミトレーラーの発展形としてダブルストレーラー（14ページ図）がある。これはセミトレーラー連結車の後方にさらにもう1台トレーラーを連結したもの。最後尾に連結されるトレーラーは、フルトレーラーでも可能だが、一般的にはセミトレーラーにドーリーを結合したものが使用されることがほとんど。輸送効率を高めるための方法のひとつで、後方に接続するトレーラーをすべてセミトレーラーとすることで、トレーラーを順次別のトラクターに引き継いでいったり、途中で交換したりすることが可能となる。

ダブルストレーラーはアメリカで発達し、現在の大陸横断トレーラーの主流は27～28フィートのトレーラーを2両けん引するダブルストレーラーだ。さらにアメリカの一部の有料高速道路などでは、40～45フィートのトレーラー2両をけん引するビッグダブルスと呼ばれるものもある。こうしたビッグダブルスでは、総軸数が9軸～11軸にもなる。

ダブルストレーラーが公道走行を認められている国には、アメリカ、スウェーデン、イギリス、オーストラリア、アルゼンチンなどがあるが、日本でも1972年から東京・大阪間でダブルストレーラーの試作運行が行われたが、その後の景気低迷などで中断。現状では、日本では公道走行が認められていない。ダブルストレーラーにさらにトレーラーを連結したトリプルストレーラーが認められている国もある。トリプルスと

■ポールトラクター＆トレーラー

ポールトレーラー式も、トラクター単体で見た場合にはトラックと区別がつけにくい。ただし、ポールトラクターが単体で走行することはほとんどなく、荷物を積んでいない状態でもトレーラーを連結していることが多く、場合によってはトレーラーをトラクターの荷台に乗せている。

もなると、トレインと呼ばれることもある。

このほか、セミトレーラーにもフルトレーラーにも属さないものとしてポールトレーラーがある。ポールトラクターとポールトレーラーで構成されるもので、長尺物専用のトレーラーといえる。この長尺の荷物そのものが、トラクターとトレーラーの連結部分となる。荷物前端の下部をポールトラクターの荷台のターンテーブルボルスター（旋回式枕座）に載せて固定し、荷物後端はポールトレーラーに載せられる。

トラクター＆トレーラーを用途で大別すると、セミトレーラー式には、高速用と重量用の2種類がある。高速用とはいっても高速道路専用というわけではなく、重量用に比べると速度が出せるものということで、おもに貨物を輸送するバンボディなどで使用されるが、特装系トレーラーの種類も数多い。重量用トレーラー＆トラクターは重トラクターや重トレーラーとも呼ばれ、長大物や重量物の輸送に使用される。フルトレーラー式の場合は、貨物輸送用に使用される高速用のものが大半だが、特装系トレーラーもある。

セミトラクターには、このほかにヤード用と呼ばれるものもある。フェリー埠頭でのトレーラーの乗船や下船、コンテナなどのトレーラー基地やトラックヤード内で使用される。ホイールベースを極端に短くして、小回り性能を高めてある。狭いヤード内を縦横に走り回る姿からハスラー（ハッスルするもの）のニックネームで呼ばれることも多い。一般的には限られたヤード内で使われるので、ナンバープレートが付けられていない構内用トラクターだが、なかには一時的な公道走行も可能なようにナンバープレートを取得しているものもある。

●トラクター＆トレーラーの積載、サイズ

理屈のうえでは、小型トラッククラスのトラクター＆トレーラーでも脱着可能なことを活かし、複数のトレーラーを使用した輸送効率の向上も考えられるわけだが、積載量増大のメリットが大きいため、現実問題としてトラクター＆トレーラーは大型クラスのものがほとんど。中型トラッククラスまでは使用されていることもあるが、需要は微々たるもの。たとえば三菱ふそうでは同社のトラック“ファイター”クラスの

セミトラクターも用意され型式認定を受けているが、必要に応じてトラックを改造して登録するメーカーもある。小型となると、荷物を運ぶためのトラクター&トレーラーはない。キャンピングカーといったものに限られる。日本では、中小型で脱着可能なメリットを活かした車両としては、トラクター&トレーラーではなく脱着ボディシステムに注目が集まってきている。

法的な側面から見てみると、保安基準(道路運送車両法)では、トラクターとトレーラーそれぞれが1台の車両と考えられ、重量に関する基準がある。セミトレーラーでは、GVW(Gross Vehicle Weight、車両総重量=車両重量+最大積載重量)28トンが認められている。トラックの場合はGVW25トンなので、その差は3トンしかないことになるが、トラックの車両重量は10トン程度あるので、実質的には15トン程度しか積めない。これに対して、セミトレーラーは駆動装置を備えていないため軽く、車両重量が5トン程度しかないため、23トン程度まで積むことができる。つまりトラックに比べて、セミトレーラー式は8トンほど余分に運ぶことができる。

車両制限令(道路法)では、トラクター&トレーラーを連結した状態で重量に関する基準がある。トラクター&トレーラーのGCW(Gross Combination Weight、連結車総重量=トレーラー+トラクターの車両総重量)36トンが認められている。GVW28トンのセミトレーラーとけん引するセミトラクターが7~8トンなので合計で35~36トンとなり、ほぼ保安基準と同じレベルとなる。ただし、これはクルマの長さによって異なる。長くなればなるほど、大きなGCWが認められる。こうした判断の基準は、橋を通行する際の橋の強度をベースにして考えられている。クルマが長くなればなるほど、荷重が1カ所に集中しにくくなるため、クルマが長いほど大きなGVWが認められることになる。

長さに関しては、保安基準ではトラクターもトレーラーもそれぞれに、トラック同様に全長12mとされている。車両制限令では、セミトラクター&トレーラーは連結全長で16.5m、フルトラクター&トレーラーは連結全長で18mが認められている。保安基準の全長12mというのは、トラクター、トレーラーそれぞれを1台の車両として全長12mが適用されるが、車両制限令の場合は連結状態での全長が問題となる。

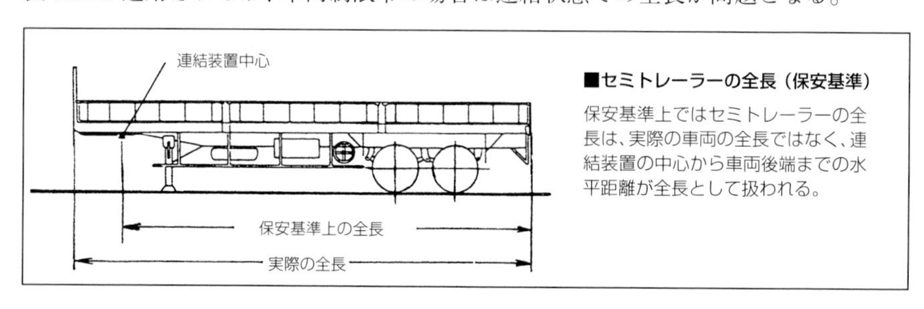

■セミトレーラーの全長(保安基準)

保安基準上ではセミトレーラーの全長は、実際の車両の全長ではなく、連結装置の中心から車両後端までの水平距離が全長として扱われる。

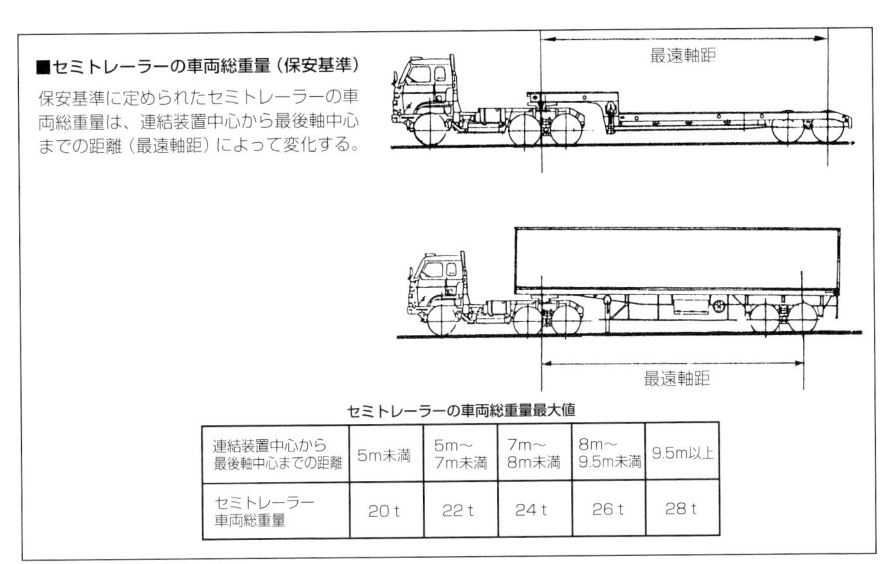

■セミトレーラーの車両総重量（保安基準）

保安基準に定められたセミトレーラーの車両総重量は、連結装置中心から最後軸中心までの距離（最遠軸距）によって変化する。

セミトレーラーの車両総重量最大値

連結装置中心から最後軸中心までの距離	5m未満	5m〜7m未満	7m〜8m未満	8m〜9.5m未満	9.5m以上
セミトレーラー車両総重量	20t	22t	24t	26t	28t

トレーラーの最大全長がトラックと同じ12mでは、積載容量の面でトレーラーにメリットがないようだが、トラックの場合は、基準値のなかに運転席であるキャブが含まれることになる。また、基準が適用される全長は、トラックでは最前部から最後端までのことだが、フルトレーラーは連結装置の先端から最後端まで、セミトレーラーではキングピンから最後端までが全長として扱われる。

実際の長さで比較してみると、トラックの場合、キャブの長さがあるため、荷台の長さは一般的に9.6m程度が最長で、最近登場してきているベッドレスのショートキャブのものでも10m程度。これに対して、セミトレーラーならばキングピン以降で12mあるうえ、キングピンより前のオーバーハング部分が0.5m程度はあり、長いものでは1.2mもあるので、13m程度の荷台を確保することができる。結果として3m程度の違いがあり、セミトレーラーはトラックの1.3倍以上の積載容量を確保することができる。

フルトレーラーの場合も、保安基準だけで考えれば全長12mが可能になるが、車両制限令の全長18mという制限がある。そのうえ、ドローバーの長さなどもあるため、フルトレーラーの全長は6m前後になってしまう。それでもフルトラクター側にも荷台があるので、両方を合わせると15m程度の荷台を確保することができる。

このほか保安基準では、軸重が1軸あたり10トン以下、最小回転半径が12m以下と定められている。これはすべてのトラクター、トレーラーに適用される。

ただし、重量にしても全長にしても、車両制限令の基準で上限の値はあくまでも特例として認められているもので、いつでもどこでも走行できるというわけではない。走行する場合には、特殊車両通行許可が必要になり、いわゆる高規格道路でないと許可がおりない。だが、都市高速道路と本州四国連絡道路はほぼ全線で許可が受けられ、国道や主要地方道では、橋の約8割が許可がおりる状況にあり、特に路線番号が1桁と2桁の国道では、ほぼ全線で許可が受けられる。

これが公道を走行できるトラクター&トレーラーの基準となるわけで、貨物輸送に使用されるバンボディやタンクボディなど一般的なトラクター&トレーラーと高速用トラクター&トレーラーは、すべてこの範囲に収まるようにされている。重量用トラクター&トレーラーでも、汎用のものはこの範囲内に収められている。

しかし、分割不能な重量物や長大物のなかには、この範囲に収まらないものもあり、これらを必要な場所に輸送できないことになってしまう。そのため、保安基準には緩和措置が認められている。保安基準の緩和措置はトラックにもあるが、トレーラーのほうがより有利とされている。セミトレーラー式の連結状態で全長17mが認められ、トレーラーのGVWで50トンが認められる。これだけの重量を積載する重量用トレーラーでは、シャシーも丈夫に作られなければならないため、車両重量は10トン程度となるので、実質的には40トンを積載することが可能となる。それでも基準内のものに比べると17トンも重いものを輸送できる。

保安基準の緩和措置が認められた車両でも、車両制限令の基準は満たしていないことになるので、走行する際には許可を受ける必要がある。走行する経路はもちろん、時間帯が指定されることも多い。これが基準緩和を受けられる限界だが、申請に対する審査はかなり厳しく行われている。

しかし、これより重いものや長いものを輸送しなければならない状況もある。その場合には、個々に詮議して緩和を受けることになる。ただし、考え方としては、先に「クルマありき」ではなく「荷物ありき」なので、特定の荷物を運ぶためにトレーラーが作られることになり、その荷物がなくなれば、そのトレーラーを使ってほかの荷物を運んではいけないことになる。

なお、ISO規格海上コンテナに関しては、別途規制緩和が行われている。従来、規格海上コンテナが輸入された場合、保安基準および車両制限令の基準では、コンテナを規定量満載のまま積載して走行することができないため、船舶からコンテナを降ろしたうえで、コンテナ内貨物を別のトラックやトレーラーに積み替える必要があり、一貫輸送が不可能だった。また、コンテナは封印された状態で到着するが、積み替え作業が行われるため、通関作業にも手間がかかってしまった。こうした状況に海外からの不満も強く、市場開放の一環として海上コンテナのフル積載輸送が求められていたが、95年3月に閣議決定された規制緩和推進計画にも盛り込まれ、98年4月から規制が緩和された。

規制緩和の背景には外圧もあるようだが、海上コンテナの場合、輸送経路が港湾と

■40ft海上コンテナフル積載トラクター＆トレーラー
規制緩和によって、荷物をフル積載した状態の40ft海上コンテナをそのままトラクター＆トレーラーで運搬できるようになった。

貨物ターミナル間というルートが一般的で、道路構造物への影響が小さいという理由で規制緩和されたようだ。海上コンテナが分割不能な長大物と考えられているともいえる。ISO規格海上コンテナ用トレーラーに関しては、このほかにも橋梁照査要領の計算式の簡素化も建設省によって行われている。これにより、運行するルートを設定する際の手続きが楽になっている。

ISO規格海上コンテナには20フィートと40フィートがあるが、具体的にはGVWの基準緩和の認定を受けた3軸トレーラーおよび基準内トラクター（40フィートコンテナを輸送する場合は3軸トラクター）による輸送を認めるというもの。40フィート海上コンテナの場合、トレーラーの積載重量30.48トン、GVWで35トン程度が認められたことになり、トラクターが7～8トンあるので、合計でGCW42～43トンまで認められることになる。

規制緩和では加えて、トレーラー＆トラクターの切り替えによる運送事業者の負担の増大を考慮に入れて、既存の20フィートコンテナ用2軸トレーラー（98年3月までに登録したもの）および既存の2軸トラクター（98年9月までに登録したもの）に対する特例措置として、必要な構造変更（シャシー強度の向上）を行ったものについては、2008年3月末までの使用が認められている。また、2003年3月までに登録された2軸トラクターで構造変更が必要ないものは2008年3月末まで使用継続できる。ただし、この場合、軸重が11.5トンまで認められることになるが、これらは一時的な経過措置であり、軸重規制が緩和されたわけではないので、将来的には軸重を10トン以内に戻さなければならない。

保安基準によるトラクター&トレーラーの種別を見てみると、長さ4.70m、幅1.70m、高さ2.00m、排気量2000 cc以下であれば小型自動車、それ以上であれば普通自動車として扱われる。例外的に扱われるのはポールトレーラーで、大型特殊自動車として扱われる。登録に関しては、トレーラー、トラクターそれぞれに1台の車両として考えられ、車検証が交付され、ナンバープレートもそれぞれに取り付けられる。トレーラーの車検証には、その車両をけん引できる車両(トラクター)の種類も記載されている。

保安基準では、普通と小型しかないが、道路交通法では、車両総重量8トンまたは最大積載量5トンを超えると大型という扱いになり、大型免許が必要になる。また、トレーラーをけん引する場合にはけん引免許も必要になる。ただし、トラクター単独で走行する場合には、けん引免許は不要となり、大型免許だけで走行できる。セミトラクターで、車両総重量が8トンを下回るクルマであれば、普通免許でも運転することが可能だ。

トラクターの構造

●トラクター

構内用の大型トラクターなどの一部は、重機メーカーや専業メーカーによって製造されることもあるが、日本でも海外でも、トラクターの製造はトラックメーカーによって行われていることがほとんど。トラックでも、最大積載量を増やすために車両重量の軽量化が求められているが、トラクターの場合にはGVWによる規制があるため、さらに要求が厳しい。もし、新型のトラクターがそれまでより重くなってしまうと、従来はけん引することが可能だったトレーラーが接続できないことになってしまう。そのため、トラックメーカーは新型車を極力重くしないように努めている。ただし、出力向上など、重量増に見合うだけのメリット向上がある場合は、この限りではなく、新型トラクターの能力を遺憾なく発揮できるトレーラーが開発されることになる。

一般的に使用されるトラクターには、フルトラクターとセミトラクターがあり、このほかにポールトラクターがある。それぞれのトラクターには、共通の構造の部分もあれば、まったく異なる構造の部分もある。また、トラクターの構造の基本はトラックであり、特にフルトラクターやポールトラクターはトラックに似通っている。類書

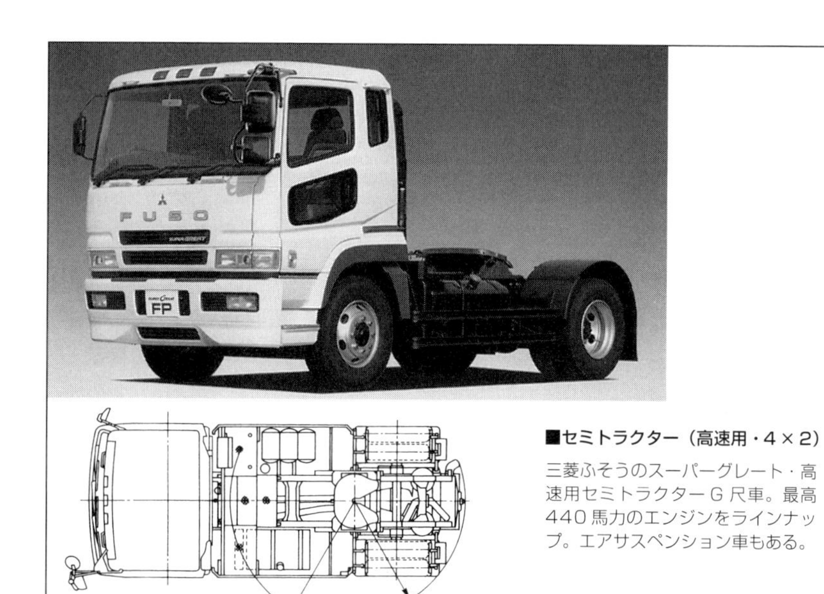

■セミトラクター（高速用・4×2）

三菱ふそうのスーパーグレート・高速用セミトラクターG尺車。最高440馬力のエンジンをラインナップ。エアサスペンション車もある。

■フルトラクター

三菱ふそうのスーパーグレート・フルトラクター。6×2前2軸で、GVW22トン車。大量高速輸送に対応している。

■ポールトラクター

三菱ふそうのスーパーグレート・ポールトラクター。6×4後2軸で、420馬力エンジンを搭載。過酷な条件のなかでも力強い駆動力で長尺物を運搬することができる。

■セミトラクター（重量用・6×4）
三菱ふそうのスーパーグレート・重量品用セミトラクター。最高550馬力の高出力エンジンをラインナップ。高速車と低速車の仕様があり、重量品の輸送用としてはもちろん、ハイウエイクルーザー仕様では貨物の大量輸送にも対応。

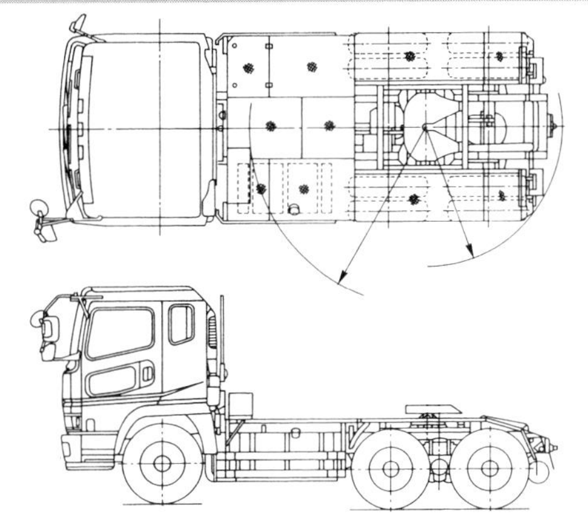

としてすでにトラックの構造を解説した書籍“トラックーその魅力と構造”（弊社刊）があるため、エンジンの構造などトラックとの共通な構造に関しては多くは解説していない。なお、連結装置はトラクターとトレーラー双方に関連する部分で、トラクター&トレーラーにとってももっとも重要ともいえる構造なので、本章では取り上げず、次章でまとめて解説している。

●駆動方式

トラクターを車軸数と駆動方式で分類すると、フルトラクターの日本でのバリエーションは、2軸（4×2）、3軸（6×2後2軸、6×2前2軸、6×4）、4軸（8×4）。この数字の表記は、複輪を無視してあくまでも車軸の片側のホイールを1個として数えた場合の総ホイール数を「×」の前の数字、駆動ホイール数を後の数字で表している。3軸の場合のように、前後への配置数が分かりにくい場合は、後2軸などの表記を加

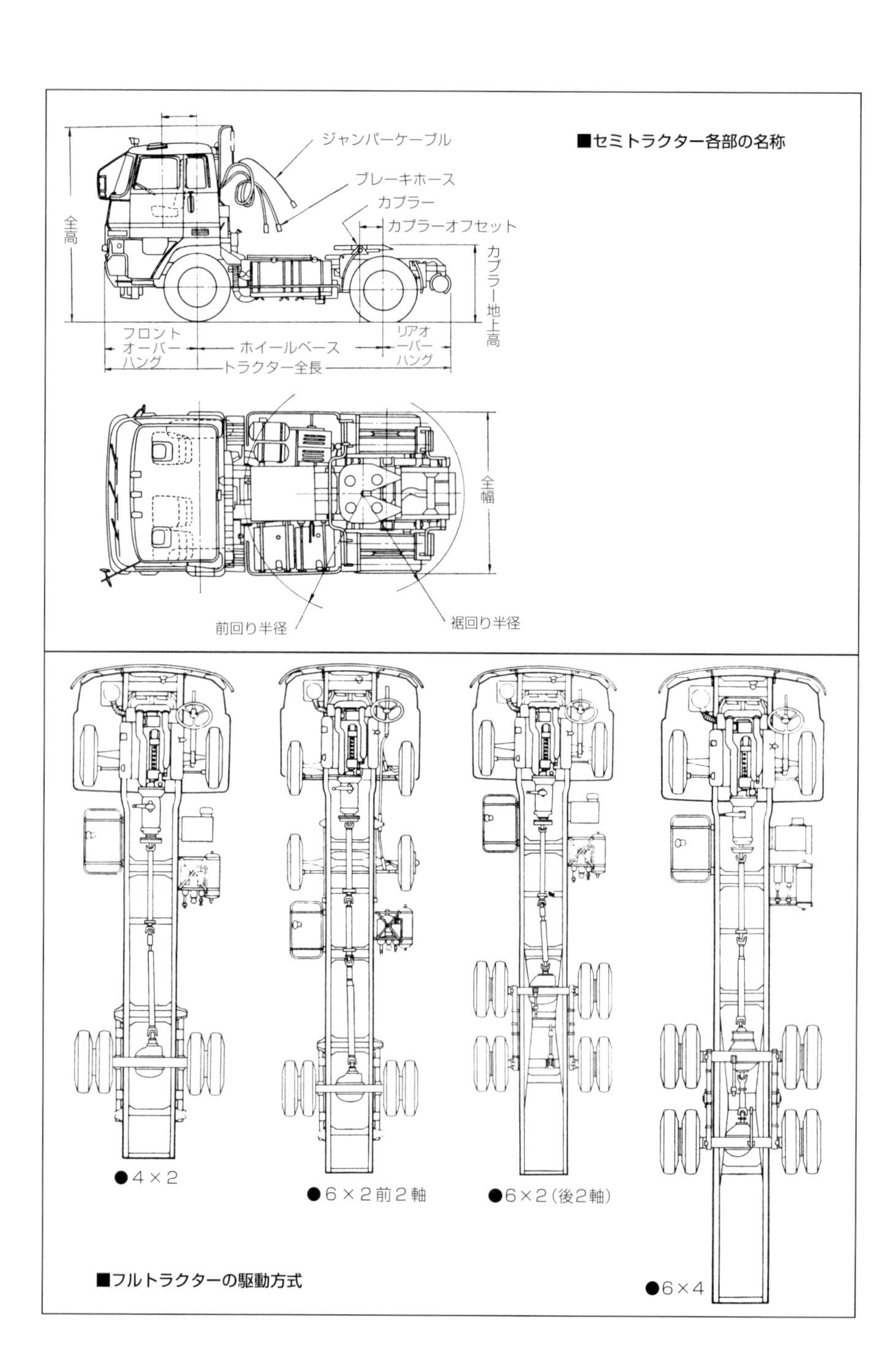
■セミトラクター各部の名称
ジャンパーケーブル
ブレーキホース
カプラー
カプラーオフセット
全高
カプラー地上高
フロントオーバーハング
ホイールベース
リアオーバーハング
トラクター全長
全幅
前回り半径
裾回り半径
●4×2
●6×2前2軸
●6×2(後2軸)
●6×4
■フルトラクターの駆動方式

えることになるが、6×2前2軸は日本独特の高速用トラックであり、海外ではこの方式のトラックもトラクターもない。それ以外の方式は海外でも採用されている。そのうち日本の8×4は、重機運搬のために床を低くしていたり、床を低くすることによって積載スペースを確保するためにタイヤを小さくした低床車がほとんどだ。いっぽう、海外では8×4にも通常のタイヤが使用されることが多く、高速用トラクターにはあまり使われず、ダンプなどの重量対策として8×4が選択されることが多い。

セミトラクターの日本でのバリエーションは、2軸車と3軸車で、高速用トラクターでは4×2、重量用トラクターでは6×4が採用される。6×6もないわけではないが、公道を走るものにはほとんどない。海外ではこれに加えて6×2がある。6×2といっても日本のトラックのように前2軸ということはなく、前1軸後2軸が一般的だ。しかも、日本の6×2トラックでは後方から2番目の車軸が駆動軸とされるが、海外では一番後ろが駆動軸とされる。6×2が海外で採用されるのは、連結した状態での総軸数によって最大積載量が決められる国や地域があるためで、現実問題としては駆動力は1軸（4×2）で充分だが、軸数を増やすために6×2が採用される。

また、最近では積載容量を増加させるために、低床式のセミトラクターも登場してきている。トラックの場合と同様に、小径タイヤ&ホイールを使用することや、サスペンション形式を変更する（エアサスペンションを採用していることが多い）ことで低床化を実現している。目的が積載容量の増加であるため、基本的には高速用トラクターで4×2のものがほとんど。この低床化によって、荷台高を15㎝程度高くすることができ、たとえば保安基準などの限度最大のバンボディで、5㎥程度の容量拡大を実現することができる。

■セミトラクターの駆動方式

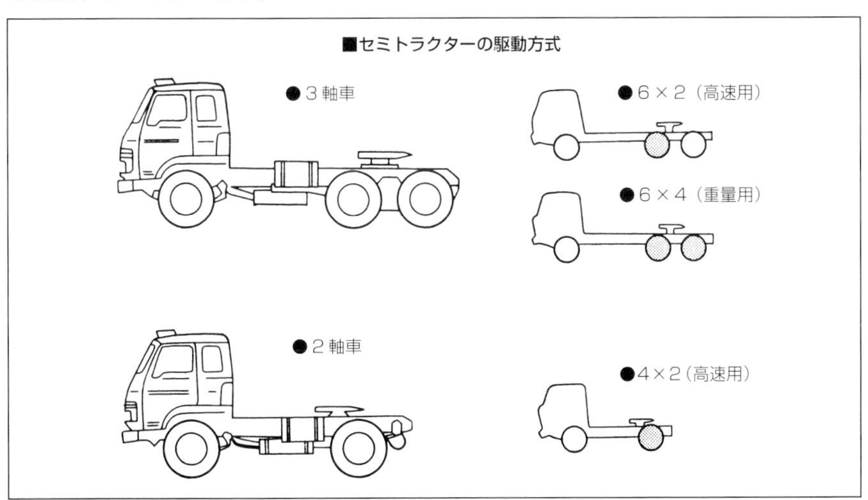

●エンジン

エンジンに関しては、トラクターの使用される状況に応じてさまざまなものが採用される。基本的にはトラックのエンジンと同様のものだが、最大積載量も大きく、けん引能力を確保しなければならないため、トラックより高出力のものが採用されることが一般的だ。たとえば、カーゴ系のトラックでは300～400馬力のエンジンが一般的だが、フルトラクターでは390～440馬力のエンジンが使われる。

セミトラクターの場合は、4×2の高速用の場合、車両運搬トレーラーのように積載重量が軽いトレーラーをけん引する車両で300馬力程度のものが採用され、積載重量が基準内いっぱいのトレーラーをけん引するトラクターでは500馬力を超えるものが使用されることもある。6×4の重量用の場合は、当然のごとく重量物を運搬することになるため、400～600馬力程度のエンジンが採用される。

これらのエンジンを使用することで、高速用セミトラクターやフルトラクターは、大型トラックと同等の速度を確保することができる。

重量用セミトラクターの場合には、高速仕様車と低速仕様車が設定される。これは時速60㎞以下に制限すると、許容GCW＝最大積載量を大きくとることができると定められているためで、たとえば三菱ふそうの場合、リミッターを装備した最高時速58㎞の低速仕様車で550馬力エンジン搭載のものはGCW89.36トンとなる。同じエンジンでもリミッターを備えない高速仕様車の場合にはGCW64.65トンとされている。ひと昔前はエンジンに馬力がなかったため、坂道などでトラクターが速度を出すことができず渋滞を引き起こすこともあった。そのため、馬力によって許容GCWを決める

■トラクターのエンジン

三菱ふそうのスーパーグレート・トラクターに搭載されるエンジン。直6インタークーラーターボ、V8無過給、V8インタークーラーツインターボ、V10無過給のラインナップがある。

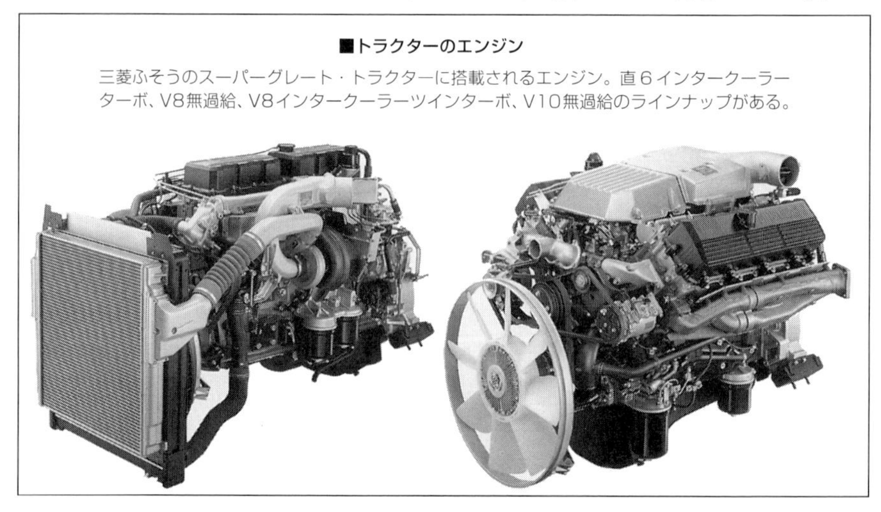

考え方ができた。現在では、最大600馬力のエンジンも登場してきており、許容GCWが100トンを超えるものもある。

それでも、超重量物を輸送する場合には、辛い状況もあり、特に登り坂では注意が必要となる。たとえば、東名高速の箱根越えは難所といえる場所で、夜になると超重量物を輸送する車両が集まって、待っていることもある。そして深夜になると集まった車両のなかでも比較的軽い（速い）車両から順番に坂を登っていく。もし、前方を時速20㎞でしか登れない車両が走行していて、その後方から時速30㎞で登ることができる車両が走行して追い付いてしまった場合、下手に減速して停止してしまうようなことがあると、坂道では再発進できなくなってしまうこともある。

以上のようにトラクターのエンジンには高出力が求められるが、このほかにも営業用として使用されることがほとんどのため、低燃費といった経済性も重要となる。年間走行距離も長く10年以上も使われることがあるため、耐久性も求められる。乗用車のエンジンの場合は、10万～30万㎞程度を耐用期間として設計が行われるが、トラクターのエンジンでは100万～150万㎞を耐用期間として設計される。

こうした高出力、低燃費、高耐久性を確保するために、トラクターでは大型トラック同様にディーゼルエンジンが採用される。高回転にするか、大排気量にすることで高出力は実現できるが、高回転で高出力を実現した場合、エンジンの耐久性が低下する。排気量を増やす場合には、気筒数を増やす方法と、気筒当たりの排気量を大きくする方法があるが、気筒数が増えるとそれだけ部品点数が増え、製造コストが高くなりトラブルの確率も高くなる。だが、ガソリンエンジンで1気筒の排気量を大きくしていくと、それだけノッキングが起こりやすくなるため限界がある。ディーゼルエンジンの場合は、シリンダー内で同時多発的に燃焼が起こるため、ガソリンエンジンのようなノッキングは起こらず、気筒当たりの排気量を大きくすることが可能となる。加えて、ディーゼルエンジンはガソリンエンジンに比べて、圧縮比も高くすることができ、それだけ効率が高くなる。つまり燃費がよいわけで、経済性に優れている。さらに日本では、ガソリンより軽油のほうが安価なため、ディーゼルエンジンの経済性はさらに高まる。

気筒当たりの排気量を大きくして高出力を達成しているため、トラクター用エンジンでは最高回転数が3000rpm程度に設定されているものが多く、実用回転域はさらに低いものになる。これにより運動部分の摩耗が少なく、ノッキングもないためピストンやコンロッド、クランクシャフトなどの耐久性も高くなる。

ガソリンに比べて軽油のほうが着火点が低く、燃料漏れが起こっても火災になりにくい点もディーゼルエンジンのメリットといえる。強固な構造にしなければならないため、エンジンが重く大きくなりやすく、これはデメリットといえるが、耐久性が高

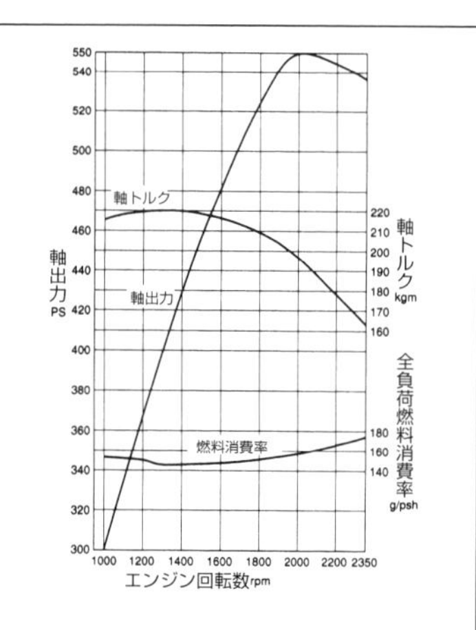

■高出力エンジン

V8インタークーラーツインターボで550馬力を実現した三菱ふそうのスーパーグレート・トラクターに搭載される8M22（T1）エンジン。乗用車用エンジンに比べると、低回転域で最大トルクや最大出力が実現されている。

いことの裏返しともいえる。点火系の電気部品がないため、トラブルの発生が少ないというメリットもあるが、ディーゼルエンジンの燃料噴射装置は緻密で最近では電子制御も多用されているため、相殺される。

最大のデメリットとしては、排気ガス中の窒素酸化物（NOx）と粒子状物質（PM）の多さがあげられ、ディーゼルエンジンが目のカタキにされる元凶となっている。ヨーロッパでは燃費のよさ、つまり二酸化炭素の排出量が少ないということで、ディーゼルエンジンの評価が高く、乗用車でも多用されているが、日本では黒い排気ガスというイメージが強い。大型トラック同様に最新のエンジンでは、こうした大気汚染物質はかなり削減されているが、古い車両が今も使われているため、ディーゼル車は排気ガスが汚いという印象がぬぐい切れていない。

エンジン本体は、6気筒から12気筒まであり、6気筒は直列配置、8気筒、10気筒、12気筒はV型配置が採用されることが多い。低燃費を求めるものや、大きなトルクを求めるもの、扱いやすさを求めるものなど、さまざまな設計姿勢があり、直6やV8ではインタークーラーターボ仕様のものもある。排気量は直6インタークーラーターボで12～16ℓ、V8インタークーラーターボで15～17ℓ、V8無過給で18～21ℓ、V10無過給で19～27ℓ、V12無過給で22ℓ前後と、各社がさまざまなバリエーションを用意し、トラクターの用途に応じて採用している。もっともパワフルなエンジンでは、200kgを超えるトルクを実現したり、600馬力を達成している。

●駆動系

駆動系の構成は、トラックと同様でFRの乗用車の駆動系に相当する。縦置きエンジン直後にトランスミッションが配され、プロペラシャフト、ディファレンシャルギア（＋ファイナルギア）を経てドライブシャフトへと伝達される。トランスミッションは、クラッチとギア式変速機を組み合わせた、いわゆるマニュアルトランスミッションのほか、オートマチックトランスミッションも採用されている。

◆マニュアルトランスミッション

クラッチは、乗用車同様の乾燥単板式の円板式摩擦クラッチが採用されることが多いが、ツインタイプのものが採用されることもある。ツインタイプのものは、乗用車

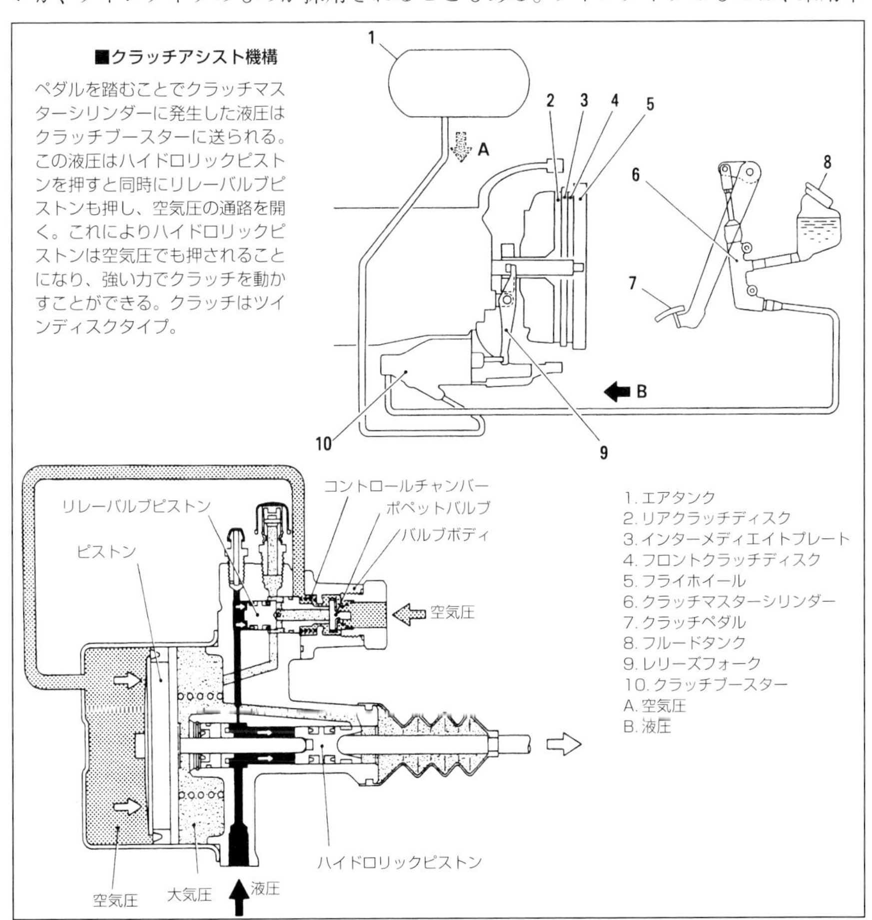

でもスポーツタイプのものに採用されることがあるもので、クラッチディスクが2枚備えられ、摩擦面の面積が大きなものとされている。単板式のものでも、そのサイズは大きく、17インチ（43㎝）といった大きなクラッチが採用される。それだけにクラッチスプリングの総押し付け力も大きく、2トンを超えてしまうため、踏力だけでは操作しにくいので、クラッチアシスト機構が備えられる場合がほとんどだ。

アシスト機構はブレーキ系の空気圧で駆動される。クラッチペダルからクラッチ本体への操作の伝達には液圧が利用されているが、クラッチペダルのクラッチマスターシリンダーで発生された液圧は、クラッチブースターに送られる。液圧はハイドロリックピストンとリレーバルブピストンに導かれる。ハイドロリックピストンは、クラッチ本体のレリーズを動かすためのプッシュロッドに備えられ、液圧によってプッシュロッドを押し出すが、プッシュロッドには空気室のピストンも接続されている。いっぽうリレーバルブピストンに油圧が導かれると、リレーバルブが開き、エアタンクに蓄えられている空気圧が、空気室に導かれ、プッシュロッドを押す。この空気圧の力によって、プッシュロッドを押し出す力がアシストされる。

マニュアルトランスミッションは、メインシャフトとカウンターシャフトを備えた

■ハイ／ロー付きマニュアルトランスミッション

トラクター用マニュアルトランスミッション。基本は5段のトランスミッションだが、その前にハイ／ロー切り替えの副変速機が備えられ、合計10段できめ細かく変速が行える。三菱ふそう・スーパーグレート・トラクター。

1. ドライブピニオン
2. ハイ／ローシンクロナイザー
3. 4th & 5th シンクロナイザー
4. シフトレール
5. シフトフォーク
6. インターロック機構
7. 2nd & 3rd シンクロナイザー
8. 1st & Rev コンスタントメッシュ
9. リバースアイドラーギア
10. メインシャフト
11. カウンターシャフト
12. スプリッターギア

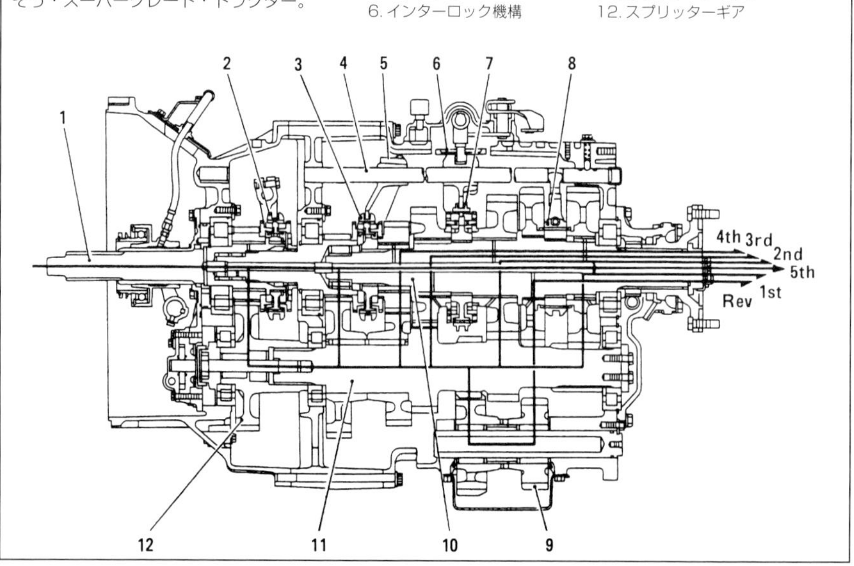

もので、シンクロメッシュ機構も備えられ、基本的な構造は乗用車のものと同じだが、各部のサイズは大きく、強度も高められている。変速段数は6段か7段のものが多いが、副変速機を備えて10段を越えるものもあり、なかには16段（8×2）という多段のものもある。特に、重量用トラクターでは、主変速機の前後に副変速機を配して、多段化しているものもある。副変速機はハイ／ロースプリッターなどと呼ばれることもある。

トランスミッション内のギアは大きく重いため、それに応じて操作も重くなる。そのためアシスト機構が備えられていることも多い。ブレーキ系の圧縮空気を利用したもので、パワーシリンダーがトランスミッション脇に備えられている。シフトノブの操作はロッドやケーブルによってパワーシリンダーに伝えられ、圧縮空気のバルブを動かす。これにより圧縮空気が導かれ、ピストンロッドが押し出され、トランスミッションのシフトレバーが動かされる。こうしたアシスト機構はトランスミッションパワーアシストやパワーシフトと呼ばれる。

6段や7段の変速機では、フル積載時には1速で発進が行われるが、積荷が少ない場合やトレーラーが接続されていない状態では2速発進が行われる。また、トラクターのエンジンは常用回転域のエンジン回転数が低いため、最速段はオーバードライブにされることも多い。なかにはダブルオーバードライブで、上位2段がオーバードライブとされていることもある。

なお、セミトラクターはホイールベースが短く、馬力が大きいため発進時の起動ショックが大きい。クルマが浮き上がるようになることもあり、その際にクラッチミートに失敗するとクラッチやギアを壊したりする可能性がないこともない。そのため、海外のトランスミッションのカタログのなかには、クラッチとトランスミッションの間にトルクコンバーター（流体継手）を設けてショックを吸収させているものも

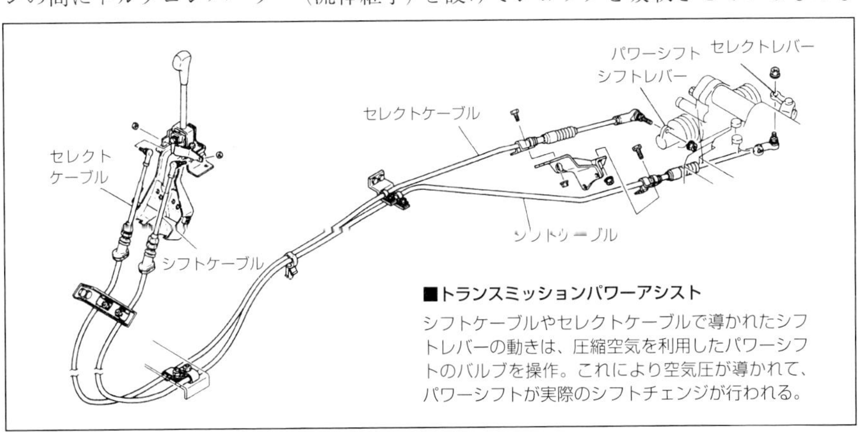

■トランスミッションパワーアシスト

シフトケーブルやセレクトケーブルで導かれたシフトレバーの動きは、圧縮空気を利用したパワーシフトのバルブを操作。これにより空気圧が導かれて、パワーシフトが実際のシフトチェンジが行われる。

ある。ただ、現在では公道を走行するトラクターに採用されることはほとんどない。あるとしてもオフロードダンプなど土木建設用の構内トラクターに限られる。クラッチの性能が上がっているうえ、エンジンを低回転域でもコントロールできるようになり、ギアの強度も高まってきているため、こうした配慮が必要なくなってきている。

◆オートマチックトランスミッション

部品の強化によって破損というトラブルはなくなっているが、トラクターは起動ショックが大きく、運転しにくいことにはかわりないため、トラックに比べるとセミトラクターはオートマチック化が進んでいる。オートマチックトランスミッションとはいっても、乗用車などで採用されているトルクコンバーター式のオートマチックトランスミッションではなく、トランスミッション本体の基本的な構造はマニュアルトランスミッションと同じ同期噛み合い式のものが採用され、変速機の変速操作やクラッチ操作などの操作系を自動化している。こうしたタイプのトランスミッションを機械式オートマチックトランスミッションと呼び、自動変速が行われるフルオートマチックトランスミッションと、自動変速は行われずクラッチ操作が不要とされているセミオートマチックトランスミッションとがある。

機械式セミオートマチックトランスミッションには、クラッチペダルを備えていない2ペダル式（アクセルペダルとブレーキペダルのみ）と、クラッチペダルを備えている3ペダル式があり、いすゞの“ECOGIT”は2ペダル式、日産ディーゼルの“ESCOT－Ⅱ”と日野の“HSAT”は3ペダル式を採用している。3ペダル式ではクラッチが備えられているとはいっても、走行中には使用する必要はなく、発進時や停車時にのみ使用される。

それぞれに詳細は異なっているが、基本的にはクラッチ本体にはクラッチアクチュエーター、トランスミッションの変速機構にはトランスミッションアクチュエーターが備えられ、圧縮空気によって操作が行えるようにされている。シフトレバーなどの操作部はスイッチであり、このスイッチの電気信号を受けて、コントロールユニットがクラッチアクチュエーターとトランスミッションアクチュエーターを作動させ、同時にエンジン回転数も制御してスムーズに変速作業を行う。トランスミッション本体は、単体で7段程度のものもあるが、副変速機を備えて12段や16段とされているものもある。

シフトレバーはUP・DOWN操作が基本で、ドライバーの判断によって操作が行われる。操作方法に違いはあるが、いすゞの“ECOGIT”と日産ディーゼルの“ESCOT－Ⅱ”は、操作時の車速やエンジン回転数に応じて、最適なギアに変速する機能を備えている。さらに“ECOGIT”には、積載状況に応じた発進段数を設定する機能や、パワーモードとエコノミーモードを選択できる機能も備えられている。

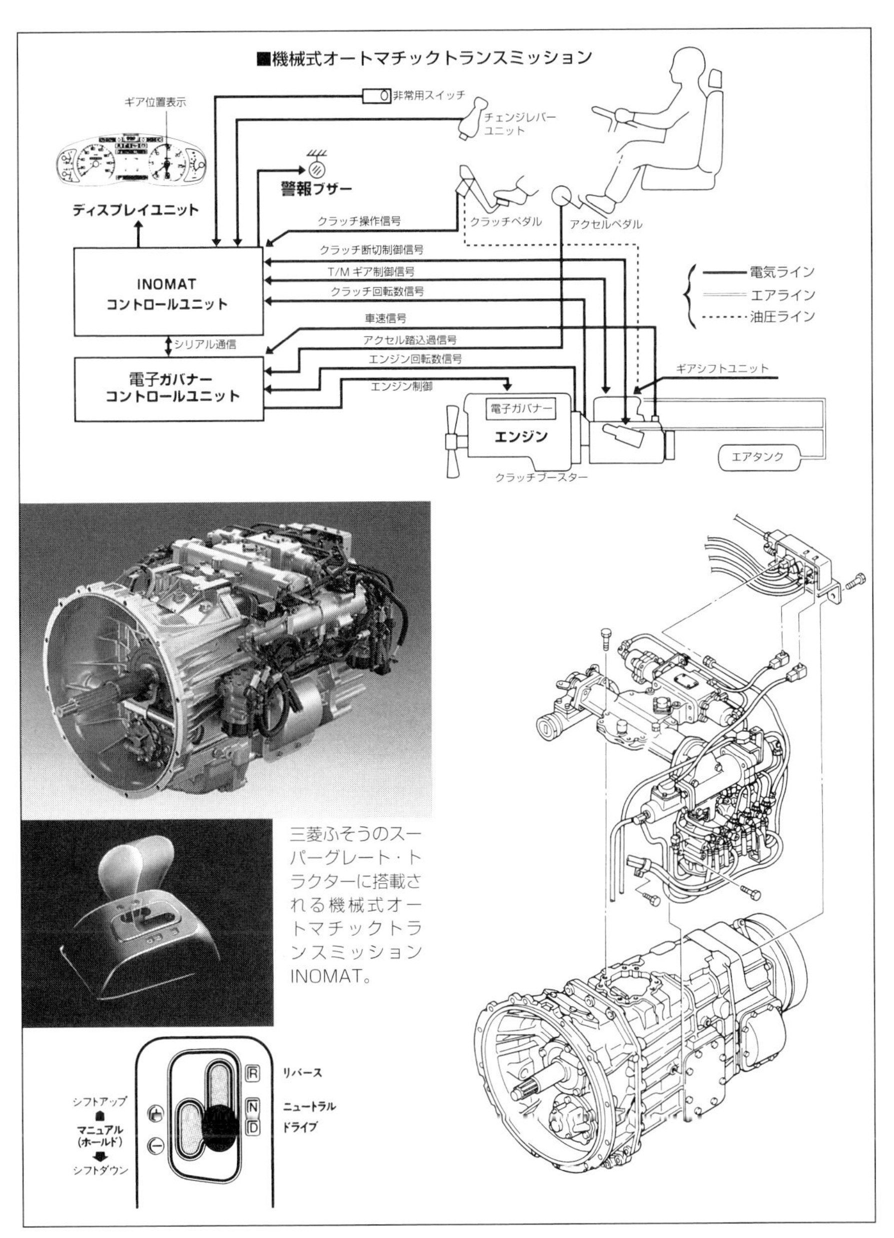

三菱ふそうのスーパーグレート・トラクターに搭載される機械式オートマチックトランスミッションINOMAT。

いっぽう三菱ふそうの"INOMAT"は機械式フルオートマチックトランスミッションで、3ペダルを採用しているが、クラッチ操作が必要なのは発進時のみで、Dポジションにシフトしておけば、車速やエンジン回転数、車両負荷といった車両状況と、アクセル開度やギア位置、ブレーキングなどの操作状況をコンピュータが判断し、変速マップに従って、クラッチの断続と変速機の変速作業、エンジン回転数の制御を自動的に行ってくれる。マニュアルレンジも備えられていて、UP・DOWNをドライバーの操作で行うことも可能とされている。クラッチや変速機の操作にはセミオートマチックトランスミッション同様に空気圧が使用されている。

◆デフ&シャフト類

プロペラシャフトやディファレンシャルギア、ファイナルギア、ドライブシャフトの構造は、乗用車と基本的には同じだが、全長が長くなるフルトラクターでは、プロペラシャフトが2分割や3分割にされていることもある。これは1本のプロペラシャフトが長くなると固有振動数が低くなり、プロペラシャフトの回転と共振を起こしてシャフトが破損してしまうことがあるためだ。

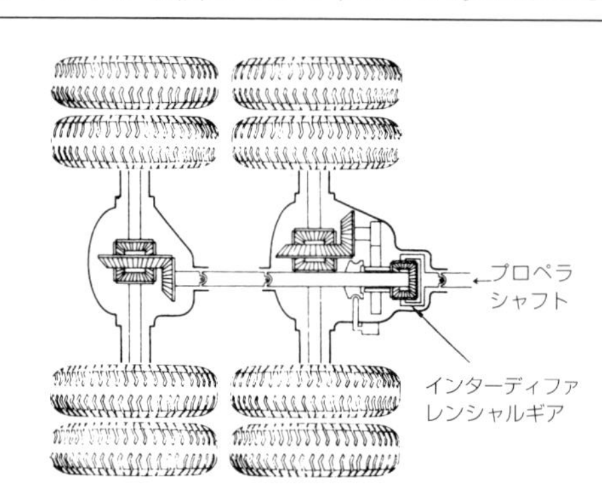

■インターディファレンシャル

2軸駆動が行われる場合、コーナリング時などには後前軸と後後軸の車軸の回転速度が異なってしまうことがある。この回転差を吸収するための差動装置がインターディファレンシャルで、ここでプロペラシャフトからの入力が後前軸と後後軸に分岐される。後前軸と後後軸それぞれの左右の回転差の差動は、それぞれのディファレンシャルギアで行われる。

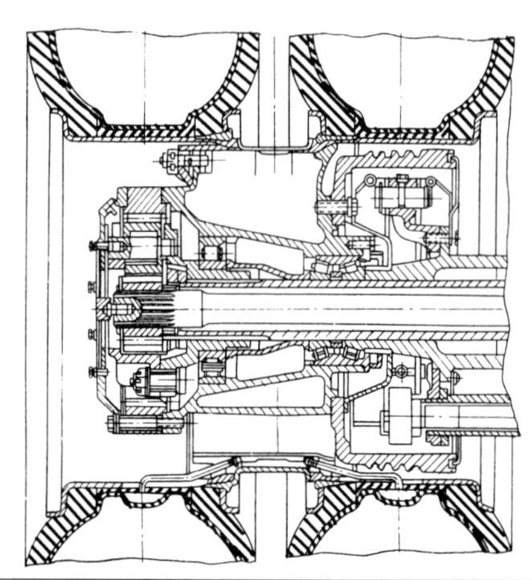

■ハブリダクションシステム

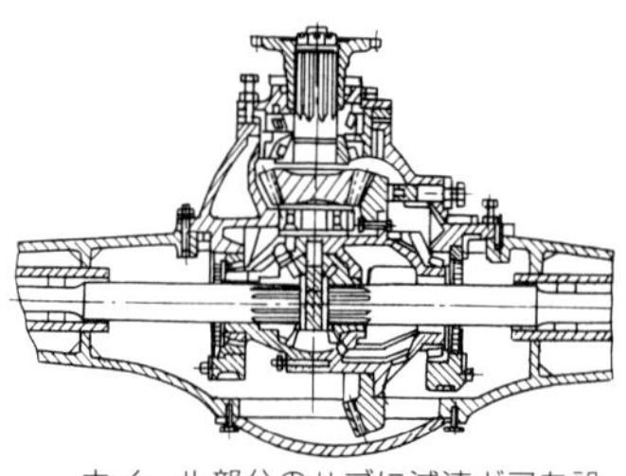

ホイール部分のハブに減速ギアを設けることで、左右中央に配される通常のファイナルギアやディファレンシャルギアを小さくすることができ、シャシーを低くすることができる。

また、最近の乗用車では独立懸架式サスペンションが主流であるため、ディファレンシャルギアとファイナルギアはデフケースに収められ、ここにドライブシャフトが取り付けられるが、トラクターでは車軸式サスペンションが採用されているため、デフケースが左右に伸ばされ、ドライブシャフトも収められている。こうしたデフケースはリアアクスルハウジングと呼ばれることもある。2軸駆動式のトラクターの場合は、後前軸のデフケースのなかに、左右差動用のディファレンシャルギアとは別にインターディファレンシャル（インターデフ）が備えられる。フルタイム4WDのセンターディファレンシャル（センターデフ）に相当するもので、後前軸と後後軸の差動を行っている。インターデフの一方の出力は後前軸のディファレンシャルに伝えられ、もう一方の出力はタンデムプロペラシャフトを介して、後後軸のディファレンシャルに伝えられる。

また、重量級のセミトラクターでは、ディファレンシャルギアの差動機能が障害となり、発進時に片輪の空転を引き起こすこともある。そのため、ディファレンシャルギアロックや、リミテッドスリップデフ（LSD）を装備することもある。

欧米では、ハブリダクションを採用したトラクターもある。ドライブシャフトの外端にプラネタリーギアによるファイナルリダクションギアシステム(ハブリダクション）を備えることで、駆動力を高めるようにしている。構造が複雑になって部品点数も多くなり、価格が上昇しやすいため、日本ではほとんどハブリダクションが採用されていない(三菱ふそうがパリダカールラリーにエントリーした車両では採用していた）が、今後はハブリダクションの使用が増えていく可能性もある。

全高が定められている範囲内で、積載容量を増やそうとすると、床を下げていくしかないが、トラクターのデフケース（ディファレンシャル＆ファイナルギア）は大きく、床を下げる際の障害になってしまう。ハブリダクションを採用すれば、ファイナルギアとハブリダクションの2段階で減速を行うことになるので、ファイナルギアを小さくすることができ、それだけデフケースも小さくすることができる。

なお、特装系のトレーラーをけん引するトラクターのなかには、トランスミッションPTOを備えたものもある。PTOとはいっても、プロペラシャフトなどでトラクターとトレーラーをメカニカルに接続して動力を伝達することはない。PTOの出力で油圧ポンプやエアコンプレッサーを駆動し、油圧や空気圧にしたうえでトレーラーに送っている。そのための専用配管が用意されている。

●シャシーフレーム

トラクターのフレームの構造も基本はトラックと同じでラダーフレーム（H型フ

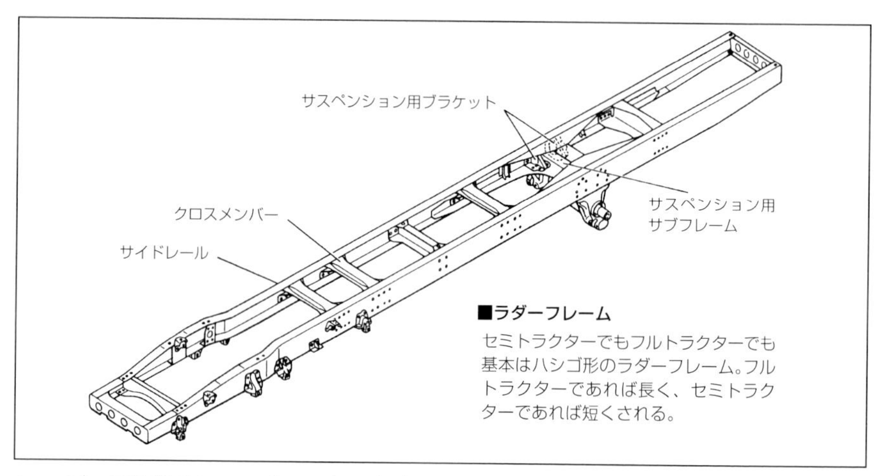

■ラダーフレーム

セミトラクターでもフルトラクターでも基本はハシゴ形のラダーフレーム。フルトラクターであれば長く、セミトラクターであれば短くされる。

レーム）が採用されている。2本のサイドメンバー（サイドレール）に数本のクロスメンバーを組み合わせたもので、リベットによって固定されている。メンバーは中空構造やコの字形のもので、必要に応じて補強が行われる。

フルトラクターの場合、トラックをベースにして後端に連結装置であるピントルフックが取り付けられることになり、このフックにはさまざまな方向から力が作用することになるので、フックにかかる力が効率よくフレーム全体に伝わるようにフレームの補強が行われる。セミトラクターも基本はラダーフレームで、荷重が集中するリアサスペンション付近が強化されている。最近では、コンピュータ解析が進んでいるので、補強が必要な部分を容易に判断できるようになっている。強化にはスティフナーと呼ばれる補強板が使われ、これがフレームの内側、外側に張られる。

セミトラクターは、どこに力がかかるかは明白で、トラックであれば荷物を積載した位置によってバランスがかわってくるが、セミトラクターの場合には、必ずトレーラーとの連結部分であるカプラーに荷重が集中する。ピンを受け止めているカプラーに関しては、力がかかる方向も限定されている。当然、それに応じたフレームの強化が必要ではあるが、カプラーはサスペンションの真上あたりにあることがほとんどなので、サスペンション用に強化された部分に取り付けられることになり、あまり大きな問題とはならない。

それよりも、セミトラクターにとってはフレームのねじれ対策のほうが重要となる。フレームのねじれは、走行中のトレーラーからのローリングなどによって起こる。フレームが長いトラックでは、サスペンション付近のほか、エンジンの直後のフレームも補強されることが多いが、この位置でエンジンなどの強固な部品がなくなると同時に、それより後方には強固な架装が施されていたりすることになるため、ねじれがこ

■トラクターのシャシーフレーム
トラック同様のシャシーフレーム構造を備えている。セミトラクターであれば、ここにカプラーが架装される。そのためのブラケットがシャシーフレームに固定されていることもある。

の部分に集中してしまうためだ。セミトラクターでも補強の考え方は同じだが、フレームが全体に短いため、スティフナーがフレーム全長のほとんどに張られていることも多い。

また、フレーム自体の太さ（上下の高さ）では、セミトラクターではトラックより細いものが使われることがある。セミトラクターのほうがホイールベースが短いため変形が小さく強度的にも有利なため、細くすることが可能となるわけだが、同時にカプラーの取り付けを考慮して、地上からフレームまでの高さを低くする効果もある。たとえば三菱ふそうでは、一般的なトラックでは高さ30㎝程度のフレームを使用しているが、セミトラクターでは28㎝程度のものを使用している。

●サスペンション

海外では、荷重が極めて大きく過酷な使用状況に対応するため、一部のトラクターに独立懸架式サスペンションが採用されていることもあるが、トラクターのサスペンションの基本は、車軸式（リジッドアクスル）サスペンション。トラックと同じ形式のもので、平行リーフスプリング式サスペンションとトラニオンサスペンションが一般的な形式だが、最近ではエアサスペンションの採用も増えてきている。

◆リーフスプリング式サスペンション

平行リーフスプリング式サスペンションはリーフスプリングを使用した一般的なサスペンションで、前後どちらかに2軸が配されている場合にも使用される。トラニオンサスペンションもリーフスプリングを使用したサスペンションの一種で、後輪の2

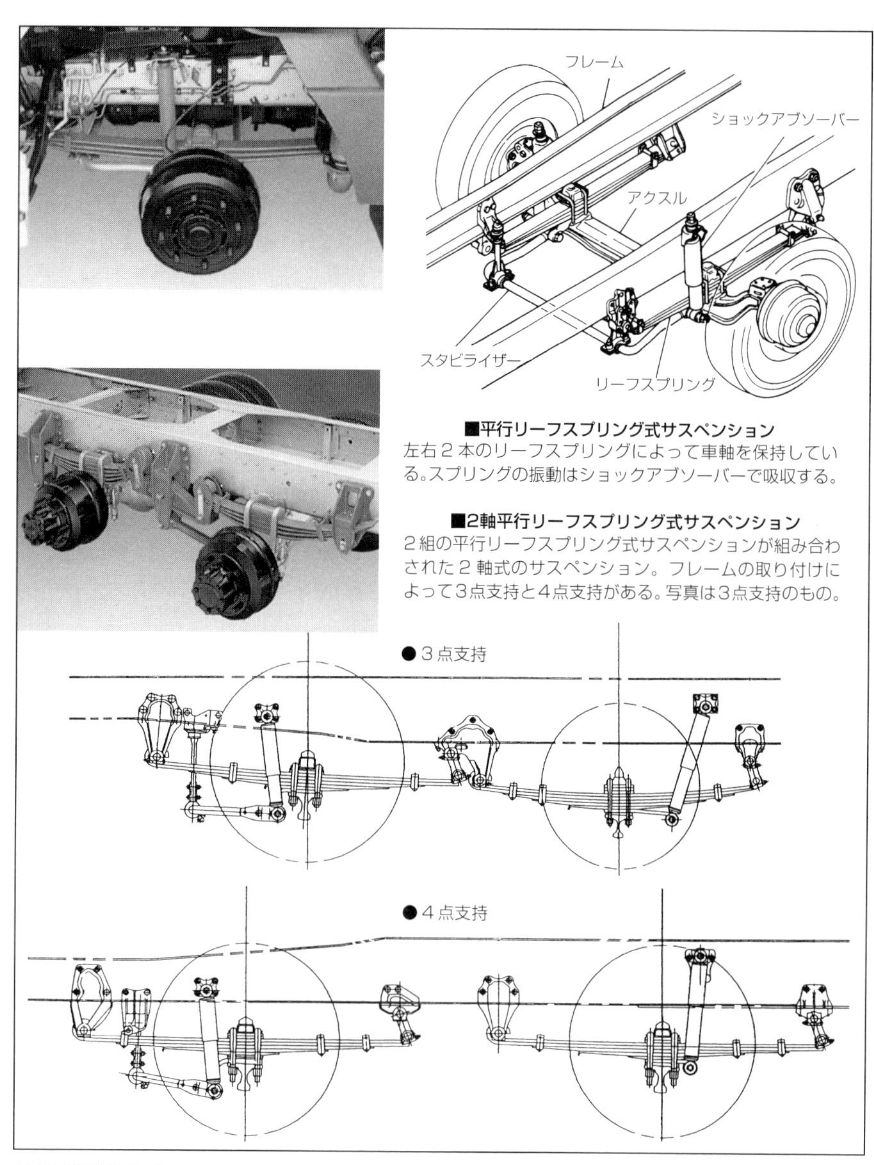

■平行リーフスプリング式サスペンション
左右2本のリーフスプリングによって車軸を保持している。スプリングの振動はショックアブソーバーで吸収する。

■2軸平行リーフスプリング式サスペンション
2組の平行リーフスプリング式サスペンションが組み合わされた2軸式のサスペンション。フレームの取り付けによって3点支持と4点支持がある。写真は3点支持のもの。

軸に使用される。

平行リーフスプリング式サスペンションは、ひと昔前までは乗用車にも採用されていたが、最近では一部の商用車に見られる程度。車体にほぼ平行するようにリーフスプリングを配して車軸を支え、ショックアブソーバーによってスプリングの振動を吸収している。構造的には乗用車に採用されるものとまったく同じだが、リーフスプリングの枚数や長さなどによるバネ定数、ショックアブソーバーの減衰力やストロークは、車両総重量や走行状況に応じたものが使用される。特に重量用のセミトラクターでは、ローリングの安定性と車高変化に対応するために、バネ定数の大きなリーフスプリングが採用されることが多い。

セミトラクターとフルトラクターの後2軸のものや、フルトラクターの前2軸のものの場合は、2組の平行リーフスプリング式サスペンションが使用されるが、それぞれのスプリングが独立してフレームに取り付けられる4点支持と、前方のスプリングの後端と後方のスプリングの前端をまとめたうえでフレームに取り付ける3点支持がある。3点支持は車軸の間隔を狭くすることができるが、中央の支持点にかかる荷重が大きくなる。

この前後のサスペンションは独立して動くようにされていることもあるが、前後のスプリングが連動されていることもある。前後のスプリングは、イコライザービームやトルクロッドで連結され、いっぽうの車軸が段差の乗り越えなどで持ち上げられると、その力がイコライザービームでもういっぽうのサスペンションに伝えられ、車軸を押し下げようとする。これにより2軸の荷重が均一化され、乗り心地が向上しタイヤの摩耗も均一に進む。

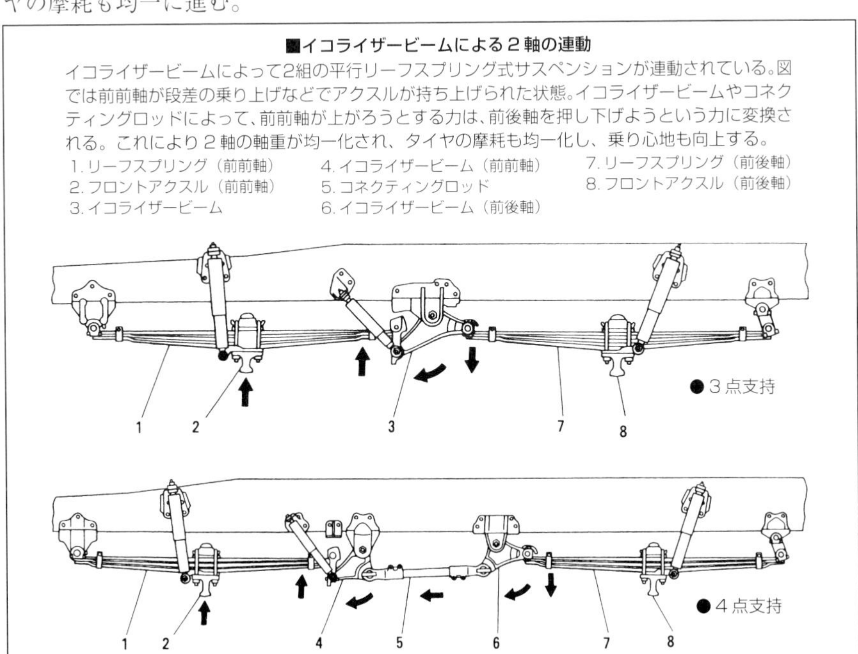

■イコライザービームによる2軸の連動

イコライザービームによって2組の平行リーフスプリング式サスペンションが連動されている。図では前前軸が段差の乗り上げなどでアクスルが持ち上げられた状態。イコライザービームやコネクティングロッドによって、前前軸が上がろうとする力は、前後軸を押し下げようという力に変換される。これにより2軸の軸重が均一化され、タイヤの摩耗も均一化し、乗り心地も向上する。

1.リーフスプリング（前前軸）
2.フロントアクスル（前前軸）
3.イコライザービーム
4.イコライザービーム（前前軸）
5.コネクティングロッド
6.イコライザービーム（前後軸）
7.リーフスプリング（前後軸）
8.フロントアクスル（前後軸）

■トラニオンサスペンション

中央で支えられたリーフスプリングの両端に車軸が備えられる2軸式のサスペンション。車軸の位置を保持するためにトルクロッドが加えられることがほとんど。

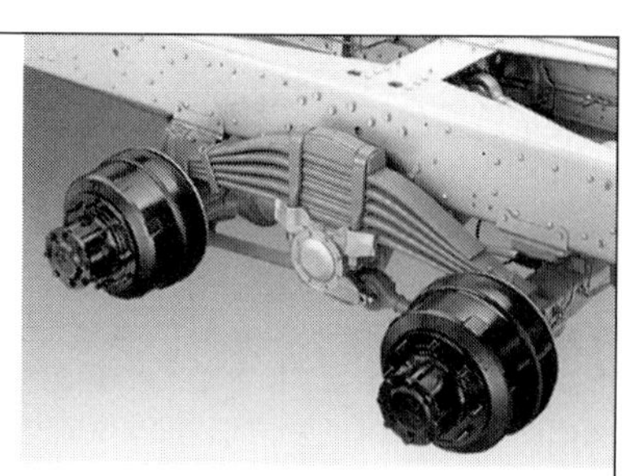

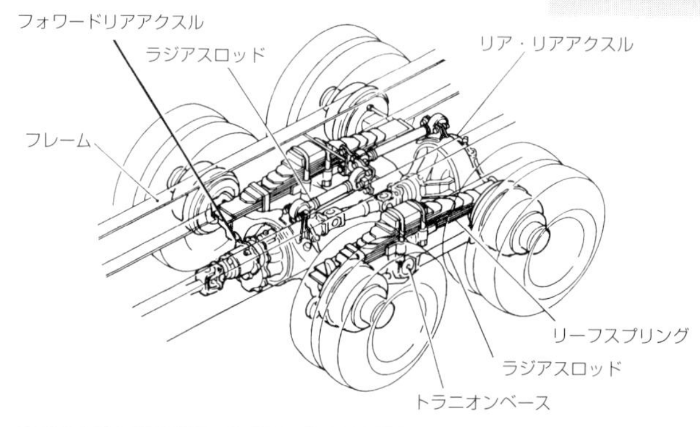

トラニオンサスペンションは2軸専用のサスペンションで、トラニオンシャフトと呼ばれるシャフトが2軸の中間付近に配され、ここにリーフスプリングの中央付近が回転できるように取り付けられる。リーフスプリングは平行リーフスプリング式サスペンションに使用される場合とは天地逆方向で使用される。前後の車軸は、リーフスプリングの両端に取り付けられ、車軸の位置を保持するためにトルクロッドが加えら

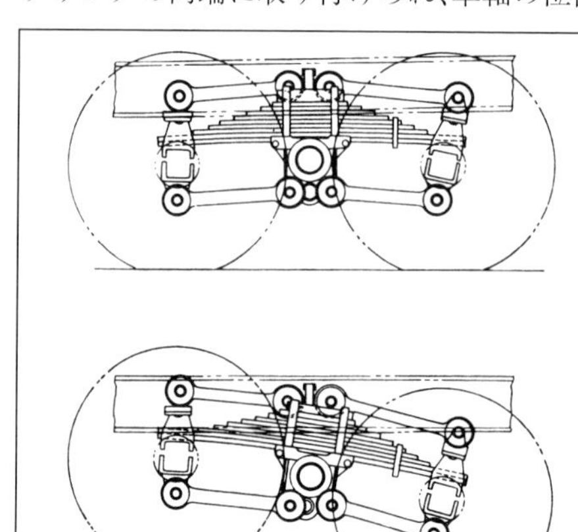

■トラニオンサスペンションの動き

トラニオンサスペンションでは1本のリーフスプリングの両端に車軸が備えられていて、スプリング自体はほぼ中央で回転できるようにされているので、いっぽうの車軸が持ち上がると、もういっぽうの車軸が押し下げられる。これにより軸重が均一化され、常に両軸の駆動力を路面に伝えることができる。

れている。トラニオンサスペンションは、2軸間を狭くできるうえ、スプリングのどの位置にトラニオンシャフトを配するかによって、2軸の荷重配分を設定することも可能だ。また、段差の乗り越えなどでいっぽうの車軸が持ち上げられると、トラニオンシャフトを中心にしてスプリングが回転することで、もういっぽうの車軸が押し下げられる。これにより荷重が均一化され、2軸駆動の場合には確実に駆動力を路面に伝えることができる。

◆エアサスペンション

道路に優しく積荷にも優しいという理由で、トラックではエアサスペンションの採用が進んでいるが、トラクターでも同様の傾向が見られる。特に、セミトラクターではその傾向が強い。エアサスペンションは走行中のサスペンションとしての機能が高いばかりか、乗り心地も改善される。セミトラクターの場合、ホイールベースが短いうえ、トレーラーからの突き上げ衝撃などで、トラックに比べるとかなり乗り心地が悪いが、エアサスペンションでは乗り心地がかなり改善される。

エアサスペンションには、リーフスプリング併用式エアサスペンションとパラレルリンク式エアサスペンションがある。リーフスプリング併用式では、リーフスプリン

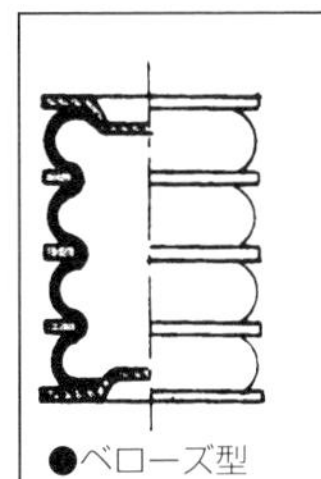
●ベローズ型

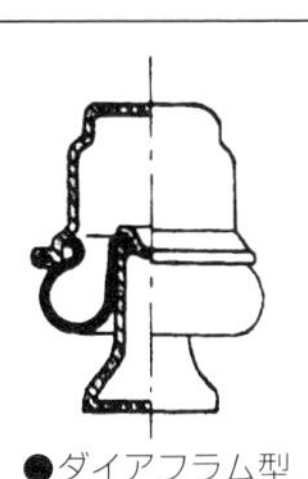
●ダイアフラム型

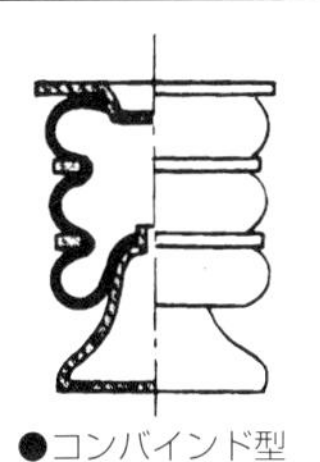
●コンバインド型

■エアスプリングの種類
エアスプリングには、基本形としてベローズ型とダイアフラム型がある。ベローズ型は蛇腹状のゴム容器を使用するため圧力変化には敏感だが、大きな容積を取りにくい。ダイアフラム型はピストンが出入りして容積を変化させるが、耐久性が低い。そのため、現在では両者を複合したコンバインド型がエアサスペンションに使用されることが多い。

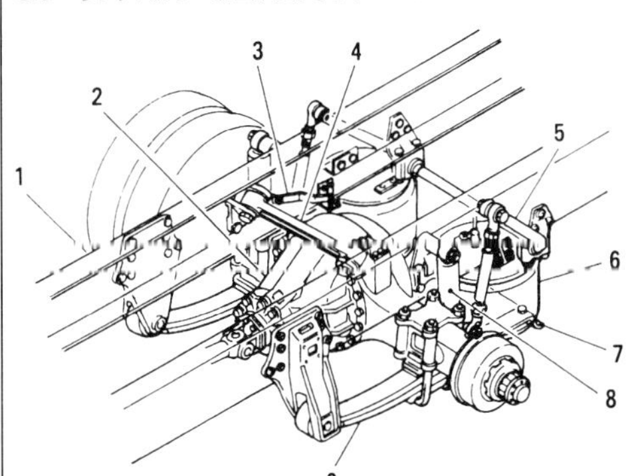

■トレーリングリーフ式エアサスペンション
リーフスプリングを併用したエアサスペンション。リーフスプリングだけでは充分に車軸の位置を保持できないので、ラテラルロッドなども加えられる。比較的シンプルな構造だが、リーフスプリングを併用しているため、エアスプリングの能力が多少は相殺されてしまう。

グによって車軸の位置決めを行い、リーフスプリングとエアスプリングの双方がスプリングとして使用される。エアスプリングのメリットが相殺されてしまうが、ロッドなどで車軸を支えるのに比べると構造がシンプルになる。

リーフスプリング併用式には2種類の方式があり、一般的な平行リーフスプリング式サスペンションと同様の配置として、リーフスプリングの中央付近にエアスプリングを加える方式は、平行リーフスプリング式サスペンション併用式といえる。トレーリングアーム式エアサスペンションやトレーリングリーフ式エアサスペンションと呼ばれる方式は、車軸より前方にリーフスプリングの一端が取り付けられ、もう一端は車軸に取り付けられる。このリーフスプリングの後方にエアスプリングが配される。リーフスプリングだけでは横方向の車軸の動きに対応しにくいため、ラテラルロッドが加えられることも多い。

パラレルリンク式では、縦方向の力を受けるラジアスロッドや横方向の力を受けるラテラルロッドによって車軸の位置を保持している。そのうえで、車軸とフレームの

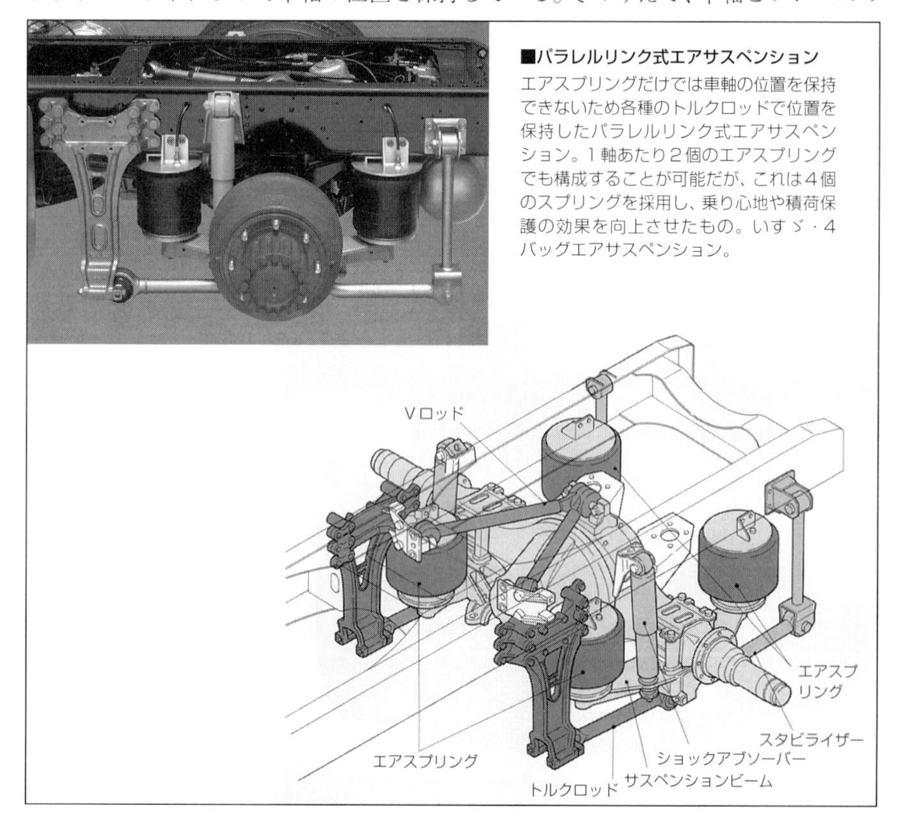

■パラレルリンク式エアサスペンション
エアスプリングだけでは車軸の位置を保持できないため各種のトルクロッドで位置を保持したパラレルリンク式エアサスペンション。1軸あたり2個のエアスプリングでも構成することが可能だが、これは4個のスプリングを採用し、乗り心地や積荷保護の効果を向上させたもの。いすゞ・4バッグエアサスペンション。

■エアサスペンションの車高調整機能

エアスプリングの空気圧を調整することでトラクターの車高調整、つまり連結装置であるカプラーの高さを調整可能としている。車高を下げたり上げたりすることで、連結や切り離し作業をスムーズに行うことができる。

間にエアスプリングが配される。ロッドを斜めに配することで縦横双方の力を受けられるようにしていることもある。使用されるエアスプリングは、片側に1個の場合と、片側に2個の場合がある。

エアスプリングは、ゴム製の容器のなかに圧縮空気を入れたもので、内部にピストンを出し入れして容積を調整しているものもある。空気圧はブレーキ系のものが共用されることが多い。内部の空気圧を高めれば、堅めのスプリングとなり大きな荷重に対応することができ、逆に空気圧を低くすれば柔らかめのスプリングとなり、荷重が小さくスプリングのストロークが短い状態にも対応できる。空気経路の途中にはレベリングバルブが備えられ、積載量に応じて車軸とフレームの距離が変化するとレベリングバルブが作動し、車高を一定に保つことができる。

セミトレーラーにとっては、エアサスペンションによる車高調整機能も大きなメリットといえる。必要に応じてエアスプリングの空気圧を低下させれば、車高を下げることができ、トラクターの連結装置であるカプラーの位置を低くすることができる。これを利用すればセミトラクターとトレーラーの連結·分離をスムーズに行うことができる。セミトラクターにとっては、車高調整機能というよりはカプラー高調整機能というべきもので、連結・分離作業時にカプラー高を下げられるだけでなく、カプラー高を上げられるものもある。分離時のセミトラクターは、ランディングギアと呼ばれる補助脚で車両前方を支えていて、連結して移動させる際には、このランディングギアを格納しなければならないが、カプラー高を通常位置より上げることができればランディングギアの先端を路面から離すことができる。そのまま一般走行をすることはできないが、一時的な構内での移動などには利用でき、ランディングギアの格納作業が必要なくなり、効率的に作業できる。

●操舵系

トラクターの操舵系は、トラックとまったく同じ。ボールナット式ステアリングシステムが採用され、パワーステアリング装置も搭載されている。ステアリングホイール（ハンドル）の回転は、ステアリングシャフトでステアリングギアボックスに伝えられ、ステアリングホイールの回転運動が、ギアボックスに接続されたピットマンアームの首振り運動に変換される。この首振り運動が、リンク機構によって前輪に伝えられ、操舵が行われる。

最近ではラック＆ピニオン式ステアリングシステムが主流で、乗用車にボールナット式ステアリングシステムが採用されることはほとんどなく、クロスカントリータイプの4WD車などに限られるが、これらの車両で前輪（操舵輪）に独立懸架式サスペンションが採用されているため、走行時に左右輪の距離が変化してしまう。そこで、最終的に転舵を行うナックルアームを動かすタイロッドは左右で独立したものが使用され、リレーロッドで接続され、アイドラーアームによって動きを制御しているが、トラクターの操舵輪は車軸式サスペンションのため、転舵が行われても左右輪の距離はほとんど変化しない。そのため左右のナックルアームは長いタイロッド1本で接続されている（片側はナックルアームの動きに連動するタイロッドアームにタイロッドが接続されることもある）。乗用車用のボールナット式ステアリングシステムに比べると、リンク機構はシンプルな構成となる。

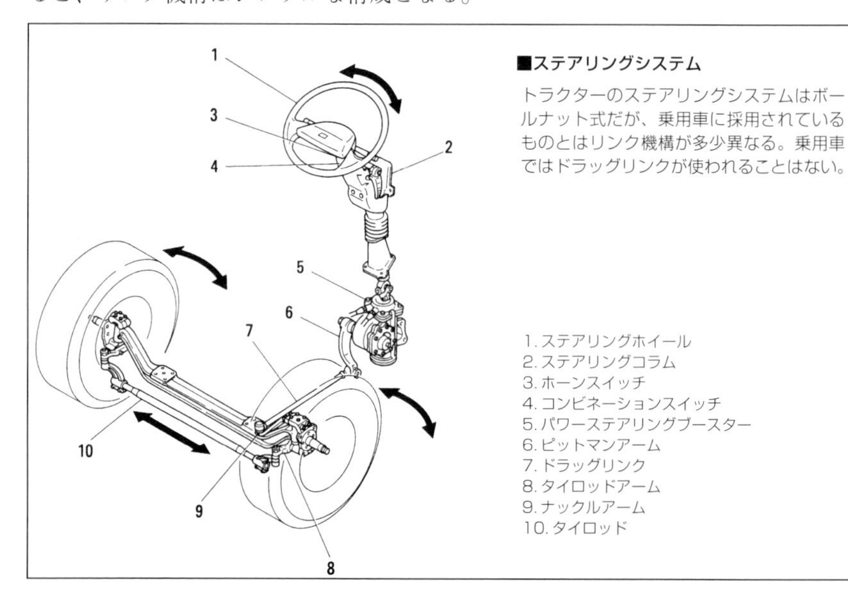

■ステアリングシステム

トラクターのステアリングシステムはボールナット式だが、乗用車に採用されているものとはリンク機構が多少異なる。乗用車ではドラッグリンクが使われることはない。

1. ステアリングホイール
2. ステアリングコラム
3. ホーンスイッチ
4. コンビネーションスイッチ
5. パワーステアリングブースター
6. ピットマンアーム
7. ドラッグリンク
8. タイロッドアーム
9. ナックルアーム
10. タイロッド

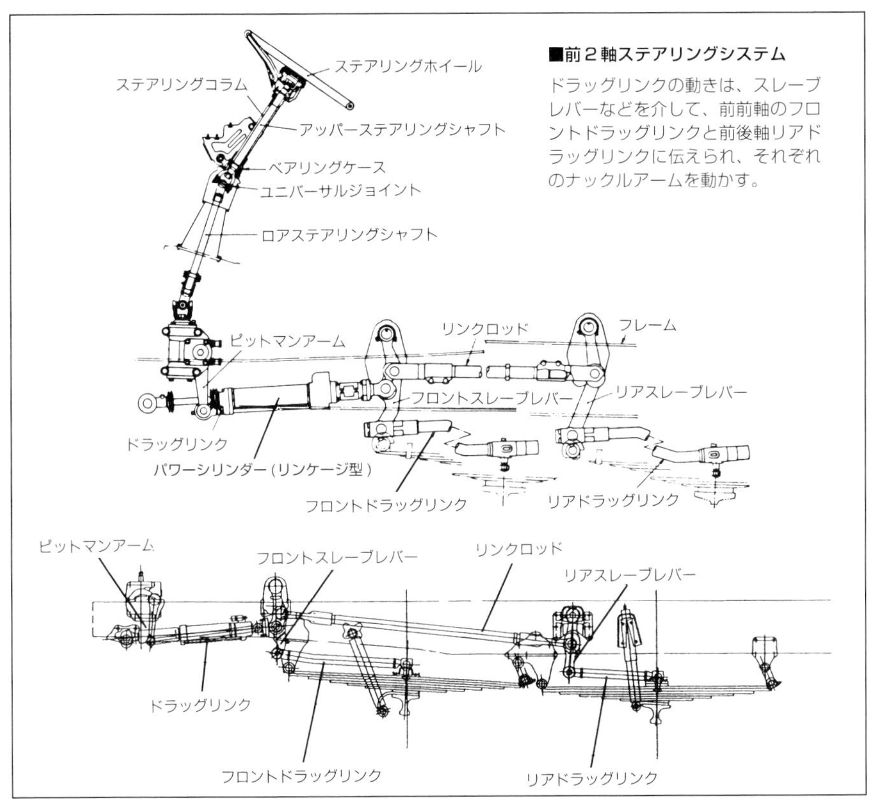

■前２軸ステアリングシステム
ドラッグリンクの動きは、スレーブレバーなどを介して、前前軸のフロントドラッグリンクと前後軸リアドラッグリンクに伝えられ、それぞれのナックルアームを動かす。

ただし、乗用車ではステアリングシャフトの位置と前輪車軸の位置が近いため、ピットマンアームは進行方向に対して横方向の首振り運動とされ、リレーロッドを動かしているが、トラクターではステアリングシャフトが前輪車軸よりかなり前方にあるためピットマンアームは前後方向の首振り運動とされる。この動きをドラッグリンクによってナックルアームに伝えている。

フルトラクターでは、前輪が2軸のものもあるが、この場合は2軸ともが転舵される。2軸操舵のリンク機構にはさまざまなものがあり、ドラッグリンクが前後のナックルアームに接続されるものもあれば、スレーブレバーと呼ばれるリンク機構を介して伝達されるものもある。前2軸の場合、旋回中の旋回半径は前前軸と前後軸で異なったものになる。そのため、これらのリンク機構ではそれぞれの車軸に最適な切れ角を与えられるように設定されている。

パワーステアリング装置は、エンジンの力を利用してパワーステアリングポンプを駆動して油圧を発生させ、その油圧によって操舵力をアシストしているのは乗用車と

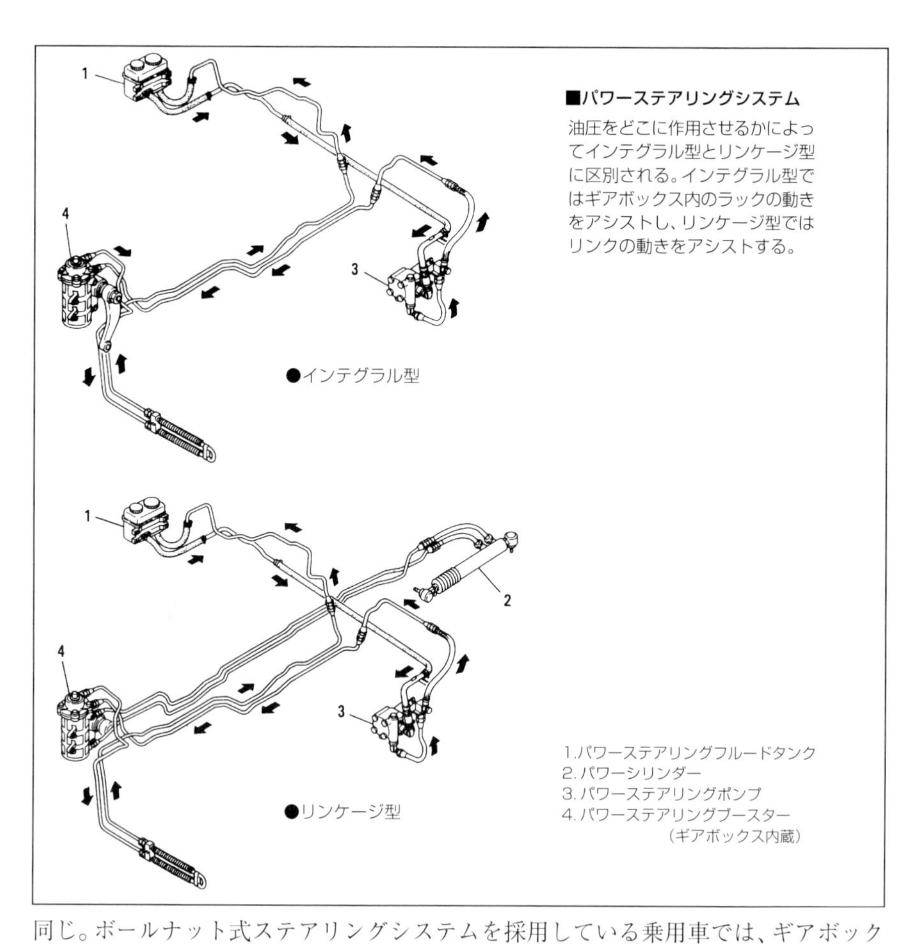

■パワーステアリングシステム
油圧をどこに作用させるかによってインテグラル型とリンケージ型に区別される。インテグラル型ではギアボックス内のラックの動きをアシストし、リンケージ型ではリンクの動きをアシストする。

同じ。ボールナット式ステアリングシステムを採用している乗用車では、ギアボックスのナットを動きを油圧で押してアシストしているインテグラル型を採用しているが、トラクターでもこの方式が採用されることもある。もうひとつの方式として油圧で作動するパワーシリンダーを、ドラッグリンクなどのリンク部に並列して配置し、リンクの動きを押したり引いたりしてアシストするリンケージ型が採用されることもある。

旋回性能で見てみると、トラクター&トレーラーの連結車は、同一の全長の単車トラックに比べて最小旋回半径が小さいというメリットがある。拡幅と呼ばれる車両の最外側旋回半径と最内側旋回半径の差についても、単車のほうが大きく連結車のほうが小さい。これは連結車には関節点があるためで、セミトレーラー式ならば関節点は1点、フルトレーラー式ならば2点、ダブルスならば3点ある。これらの関節点で車両が折れ曲がるため、最小旋回半径や拡幅が小さくなる。たとえば、最遠軸距（トラ

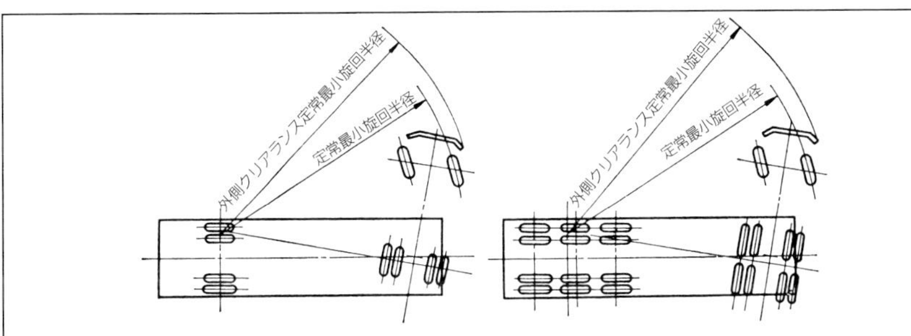

■セミトラクターの最小旋回半径

セミトラクターでは、トレーラー側後輪が前進も逆転もしない条件での旋回を定常最小旋回と定義し、定常最小旋回半径を求めている。ただし、これは旋回の難易度を比較するためのもので、絶対的に可能な回転半径の限界ではない。実際の走行ではトレーラー側の後輪の動きによって最小旋回半径は異なったものになる。

クター前車軸〜トレーラー後車軸）が同じ長さのセミトラクター＆トレーラーとフルトラクター＆トレーラーでは、旋回時にトラクターに対してトレーラーが内側に入る量、つまり拡幅はフルトレーラー式のほうが小さい。そこで、関節点が多いトラクター＆トレーラーほど、連結時の全長を長くしても旋回時の機動性が損なわれなくなる。

また、セミトラクターはホイールベースが極端に短いため、単独での最小旋回半径

■連結状態直交道路旋回走行軌跡図

JASOに基づく連結状態直交道路旋回走行軌跡図では、トラクターのハンドルを最大に切った状態でスタートし、直交する交差点を旋回走行し、トラクターの外側前輪がスタート前の連結中心線とほぼ直交する角度に達したら、ハンドルを元に戻すことによって得られる連結車の軌跡が描かれる。

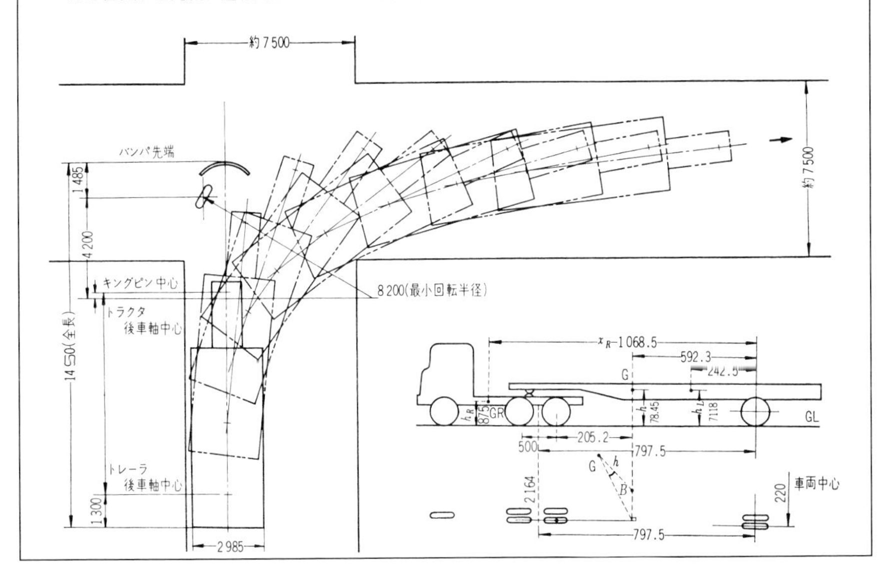

は極めて小さい。これに対して、連結されるセミトレーラーのホイールベース（キングピン～最後車軸）は長く、最小旋回半径も大きい。連結した状態で円旋回を行いながら順次旋回半径を小さくしていくと、トレーラーの最後軸旋回半径は極端に小さくなり、ついには車軸が回転しなくなり、さらには逆転してしまうこともある。

ただし、このような動きは、トラックヤード内などでの車両の移動の際には見られるが、実際の走行では交差点を曲がるといった直角旋回の頻度がもっとも高く、その場合の拡幅が重要となる。これにより走行できる道幅が決まる。直角旋回時の拡幅は、ハンドル操作の方法によっても異なるため、同一の基準で比較ができるように自動車規格JASOには、直角旋回軌跡図の様式が規定されている。

以上のように、トラクター&トレーラーは関節点があるため、連結時の全長からくるイメージとは異なり、充分な機動性がある。また、トラックヤードのような狭い場所では、トレーラーの後退をともなう旋回やハンドルの切り返しによって、極めて小さくも旋回できる。

しかし、連結状態での後退となると、後方からトラクターで押すことになり、関節点で折れ曲がろうとすることになるので、極めて難しい。セミトレーラー式より関節点が多く後退しにくいフルトレーラー式では、特に難しくなる。熟練のドライバーは器用にバックするともいうが、基本的にトラクター&トレーラーはバックさせないことを前提に考えたほうがよく、欧米のトラックヤードは前進中心で作業が行えるように作られている。

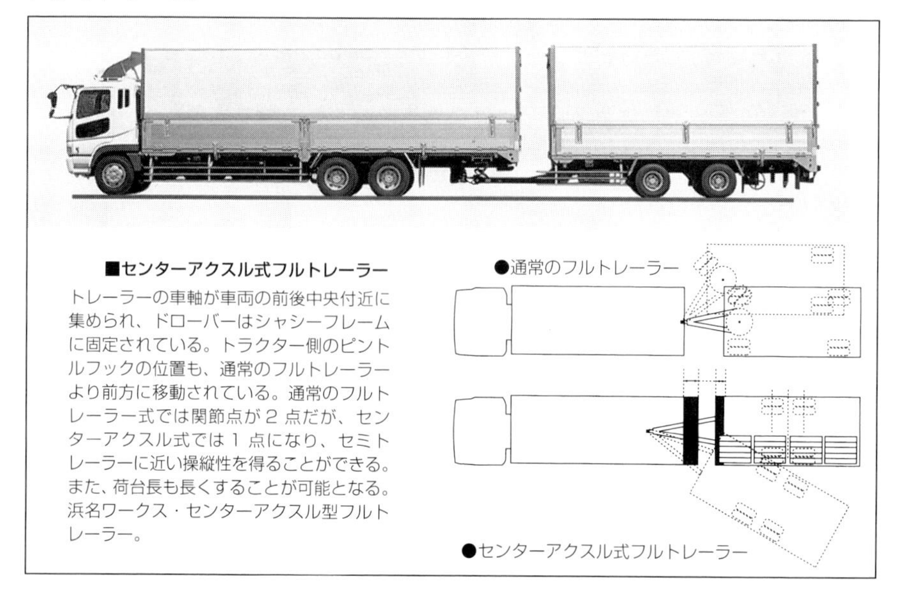

■センターアクスル式フルトレーラー
トレーラーの車軸が車両の前後中央付近に集められ、ドローバーはシャシーフレームに固定されている。トラクター側のピントルフックの位置も、通常のフルトレーラーより前方に移動されている。通常のフルトレーラー式では関節点が2点だが、センターアクスル式では1点になり、セミトレーラーに近い操縦性を得ることができる。また、荷台長も長くすることが可能となる。浜名ワークス・センターアクスル型フルトレーラー。

フルトレーラー式の一種として最近登場してきているセンターアクスル式は、トレーラーの荷台長を長くできるというメリットもあるが、フルトラクター式の関節点を減らすというメリットもある。関節点が減ることにより、センターアクスル式は通常のフルトレーラーよりは扱いやすくなる。このほかにも、後退時にトレーラーが同じ方向に曲がるようにするために制御を行うといったアイデアも出始めている。

●タイヤ&ホイール（走行系）

乗用車ではチューブレスのラジアルタイヤが主流になっているが、トラクターではチューブタイプのタイヤやバイアスタイヤも使われている。タイヤサイズは295/80R22.5や11R22.5といった大きなもので、直径は1mを超える（295/80R22.5設計寸法ϕ1044㎜、11R22.5設計寸法ϕ1052㎜）。乗用車用タイヤのトレッドパターンは舗装路を中心に未舗装路にも対応できるリブ・ラグ型が主流になっているが、トラクターのタイヤではリブ型、ラグ型、リブ・ラグ型、ブロック型といったすべてのパターンがあり、高速道路を中心に舗装路しか走行しない車両ではリブ型、悪路走行が多い車

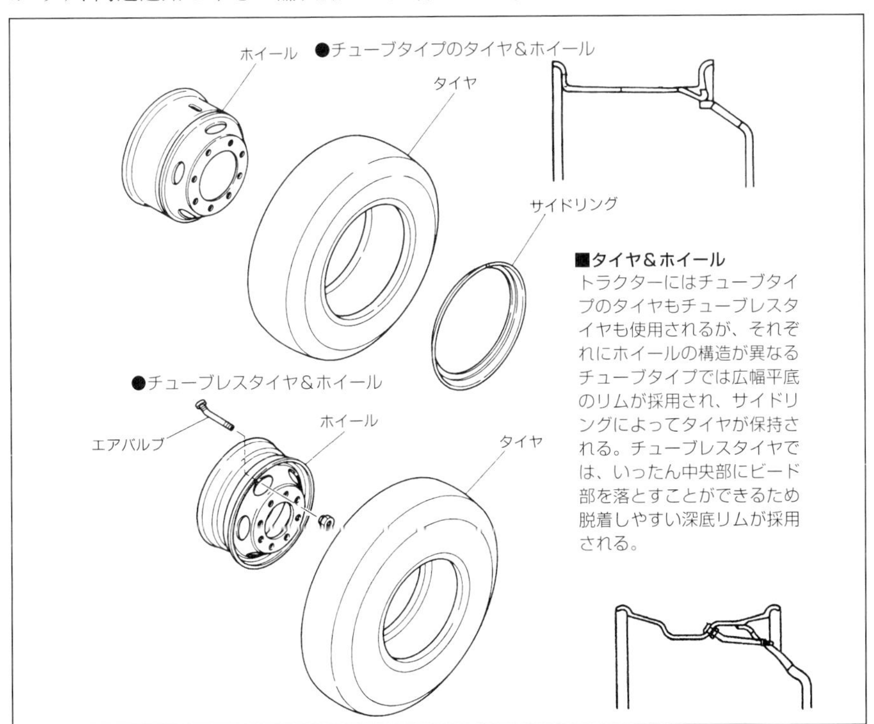

■タイヤ&ホイール
トラクターにはチューブタイプのタイヤもチューブレスタイヤも使用されるが、それぞれにホイールの構造が異なる
チューブタイプでは広幅平底のリムが採用され、サイドリングによってタイヤが保持される。チューブレスタイヤでは、いったん中央部にビード部を落とすことができるため脱着しやすい深底リムが採用される。

両ではラグ型、走行路面がさまざまな車両はリブ・ラグ型が採用され、全天候タイヤやオールシーズンタイヤと呼ばれるものにはブロック型が採用されている。

トラック用タイヤはホイールに触れる部分であるビード部が硬いため、脱着しやすい構造のホイールが採用されている。チューブタイプのタイヤ用では、サイドリングによってタイヤを固定する方式で、脱着が容易に行える。チューブレスのタイヤ用には15度深底リムと呼ばれるタイプのホイールが使用され、傾斜面によって確実に空気が保持できるようにされている。素材はスチールが主流だが、軽量化のためにアルミホイールの採用も増えてきている。

基本的にはダブルタイヤで使用され、二重ナットでハブに取り付けられる。二重ナットは内側と外側の両方にネジ山が刻まれたインナーナットと、一般的なホイールナットと同じように内側にネジ山が刻まれたアウターナットで構成される。内側のホイールはハブ側のホイールボルトにインナーナットを締め込んで固定し、外側のホイールはインナーナットがホイールボルトとして機能し、これをアウターナットで固定する。

現状ではダブルタイヤが基本だが、今後はワイドシングルタイヤの採用も予想される。後で解説するISO規格海上コンテナ用トレーラーの登場によって、トレーラーでワイドシングルタイヤが採用されるようになってきている。ダブルタイヤにかえてワイドシングルタイヤを使用すると、タイヤの接地中心の幅が広がることになり、加えてフレーム幅も広くすることができるので、ローリングが抑えられ安定性が向上するうえ、ころがり抵抗が少なく、旋回時のタイヤの摩耗も少なくなる。さらに、エアサスペンションのためのスペースも大きく取ることができるようになるなどメリットは大きい。

■ダブルタイヤの取り付け

インナーナットとアウターナットが組み合わされた二重ナットでダブルタイヤは取り付けられる。
インナーナットで内側のホイールを固定し、アウターナットで外側のホイールを固定する。

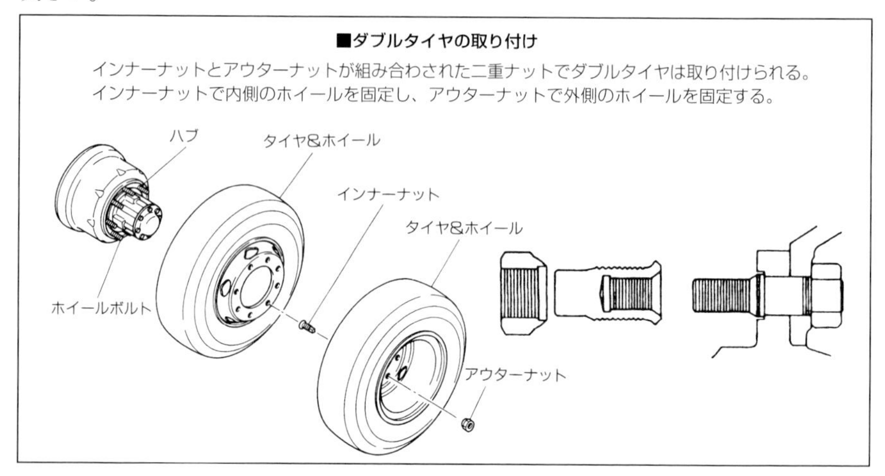

ただし、トラクターがシングル、トレーラーがダブルといった組み合わせの場合、スペアタイヤを2種類搭載する必要があり、全部のタイヤでローテーションを行うこともできない。複数のトラクター＆トレーラーを使用する企業にとっても、従来のダブルタイヤ用のタイヤと、新型のシングルタイヤ用のワイドタイヤを、2種類保管する必要がある。こうした障害もあるが、トレーラーのワイドシングルタイヤ化が進めば、将来的にトラクターのワイドシングルタイヤ化も進む可能性もでてくる。

●制動系

トラクターでは、トラクター自体が減速したり停止したりするためのブレーキシステムが必要だが、トレーラーを連結した状態でのブレーキシステムも必要となる。ドライバーがトラクターのブレーキを作動させた際に、同時にトレーラー側のブレーキも作動しないと、トレーラーが慣性力で動き続けようとするため、減速しようとしているトラクターを後ろから押すことになってしまう。こうなると、トラクター＆トレーラーには関節点があるため、その点で折れ曲がろうとすることになり、蛇行を起こすようになる。トレーラーに積荷などがあり充分な慣性力があると、トラクターとトレーラーが折れ曲がってしまう。これをジャックナイフ現象と呼び、最悪の場合、転覆といった事態に陥ることもある。そのため、トラクターには、トレーラー側のブレーキ本体を同時に作動させるためのシステムが必要になる（トレーラー側の制動系

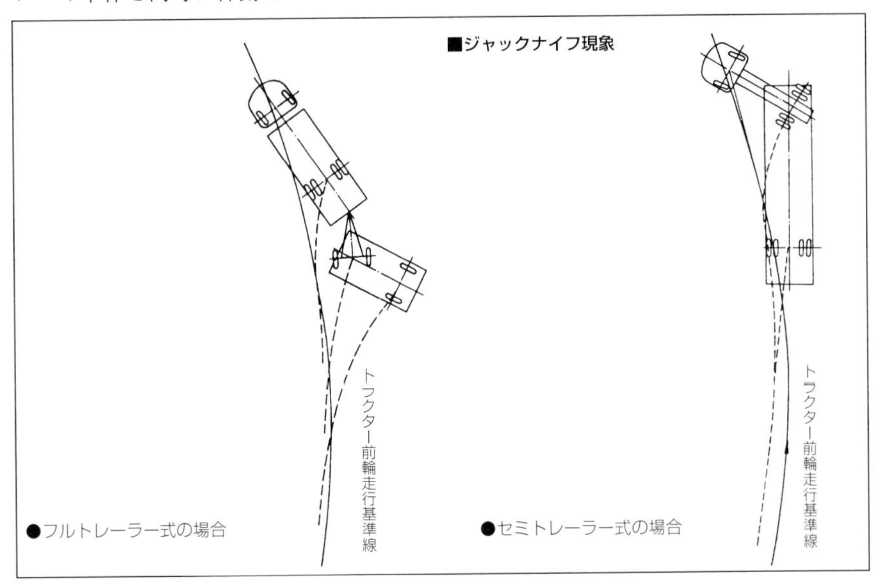

の作動については、トレーラーの項目で解説)。

◆常用ブレーキ

乗用車では、油圧式ブレーキにアシスト機構として真空式倍力装置を加えたものが使用されているが、トラクターでこの方式が採用されることはない。国産大型トラックでは空気圧油圧複合式ブレーキが採用されることが多いため、トラックをベースに作られることもあるフルトラクターでは、おもに空気圧油圧複合式ブレーキが使われている。これに対してセミトラクターの場合は100%が空気圧式だといってもよい。

いっぽう、欧米ではトラックも含めて空気圧式が主流で、フルトラクターも含めてトラクターには空気圧式ブレーキが採用されていて、トレーラーが活用され始めた当初は輸入のトレーラーが多かったため、日本でもトレーラーのブレーキは空気圧式が主流となっている。トラクターが空気圧油圧複合式ブレーキで、トレーラーが空気圧式でも、連結に支障はないが、トレーラー側とトラクター側で同一のブレーキ方式としたほうが、問題が起こりにくいことは確かである。このため、今後はトラックも含

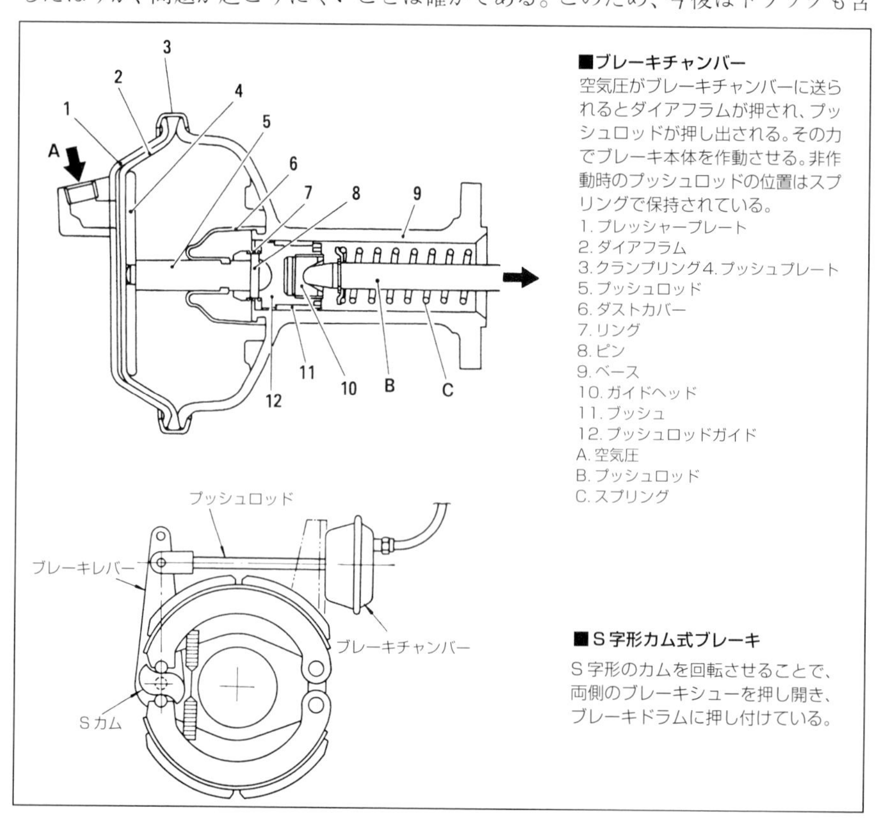

■ブレーキチャンバー
空気圧がブレーキチャンバーに送られるとダイアフラムが押され、プッシュロッドが押し出される。その力でブレーキ本体を作動させる。非作動時のプッシュロッドの位置はスプリングで保持されている。
1.プレッシャープレート
2.ダイアフラム
3.クランプリング 4.プッシュプレート
5.プッシュロッド
6.ダストカバー
7.リング
8.ピン
9.ベース
10.ガイドヘッド
11.ブッシュ
12.プッシュロッドガイド
A.空気圧
B.プッシュロッド
C.スプリング

■S字形カム式ブレーキ
S字形のカムを回転させることで、両側のブレーキシューを押し開き、ブレーキドラムに押し付けている。

めて、空気圧式ブレーキ化が進むことが予想される。

ブレーキ本体は、ドラムブレーキが主流だが、ディスクブレーキの採用も始まっている。大きさは異なるものの、動作原理は乗用車に採用されているものと同じで、空気圧油圧複合式ブレーキの場合には、構造も同じで、油圧によってホイールシリンダーを開きシューを押し付けている。空気圧式ブレーキの場合は、構造が少し異なり、ブレーキチャンバーに送られた空気圧を利用してシューを押し付けている。ブレーキチャンバーは通常はスプリングによってプッシュロッドが引っ込んだ状態にあるが、空気圧が導かれるとプッシュロッドが押し出される。ブレーキチャンバーによってシューを動かす方式にはさまざまなものがあり、現在はS字形カム式（Sカム式）が主流だが、ウエッジ式も登場してきている。

S字形カム式では、ブレーキチャンバーのプッシュロッドの動きが、ブレーキレバーに伝えられ、これがS字形のカムを回転させる。S字形のカムの両側の窪みの位置に、2枚のブレーキシューの一端がリターンスプリングで両側から押し付けられているが、S字形カムが回転すると、カムの傾斜に沿ってブレーキシューを外側に押し開くことになり、制動が行われる。ブレーキが解除されると、カムが元の位置に戻り、シューはリターンスプリングの力で元の位置に戻る。

ウエッジ式では、油圧式のホイールシリンダーに相当する位置にエキスパンダーが備えられている。エキスパンダー内には傾斜面を備えた2個のスリーブが向い合わされ、その間にクサビ型のウエッジが収められている。エアチャンバーはブレーキ本体の裏側に配置され、プッシュロッドがウエッジに接続されている。空気圧がかかりプッシュロッドが押し出されると、ウエッジが前進し両側のスリーブの傾斜面を押す。この力で、スリーブが外側に押し広げられ、シューを押し付ける。空気圧がなくなる

■ウエッジ式ブレーキ

クサビ状のウエッジが傾斜面を備えたスリーブを押し開くことで、エキスパンダーを両側に開き、ブレーキシューをブレーキドラムに押し付けている。

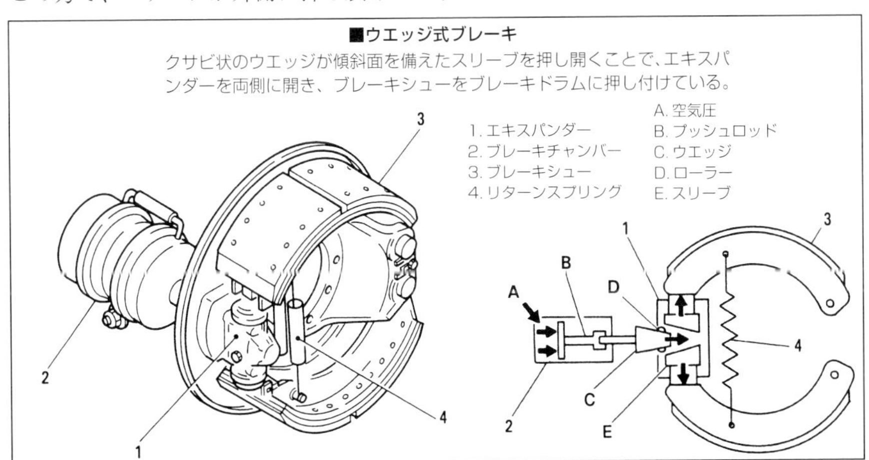

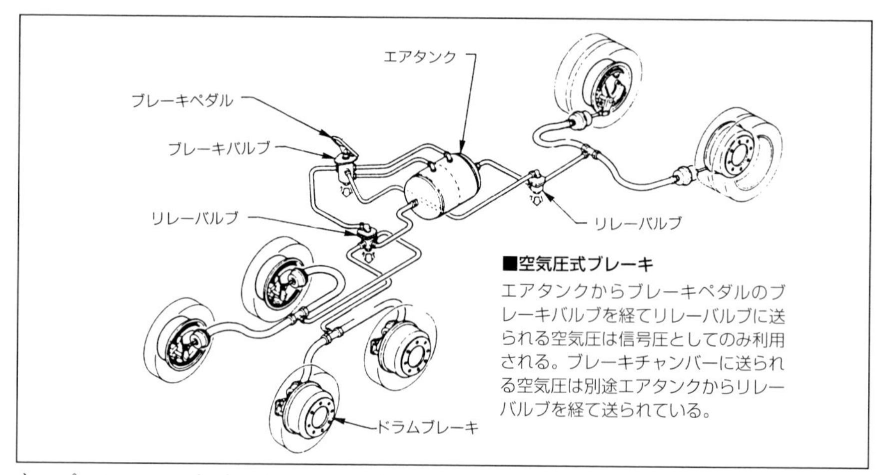

■空気圧式ブレーキ
エアタンクからブレーキペダルのブレーキバルブを経てリレーバルブに送られる空気圧は信号圧としてのみ利用される。ブレーキチャンバーに送られる空気圧は別途エアタンクからリレーバルブを経て送られている。

と、プッシュロッドはリターンスプリングで戻り、シューもリターンスプリングで元の位置に戻る。

空気圧式ブレーキは、エアブレーキと呼ばれたり、空気圧油圧複合式ブレーキと区別するためにフルエアブレーキと呼ばれたりする。その名の通り、空気圧によってブレーキペダルの操作をブレーキ本体に伝えているが、同時にアシスト機構としても機能し、ペダルを踏んだ力以上の強い力でブレーキ本体を作動させることができる。使用される空気圧は、エンジンで駆動されるエアコンプレッサーで作られ、エアタンクに蓄えられている。コンプレッサーからエアタンクの途中にはドライヤーが配され、圧縮空気中の水蒸気や水分を取り除き、空気圧系で使用される各装置が錆びないようにされている。コンプレッサーは常に作動しているわけではなく、エアタンクの空気圧が規定圧に達すると停止し、低下すると作動を再開する。

ブレーキペダルにはブレーキバルブが備えられ、ペダルの踏み込み具合に応じてバルブが開閉する。エアタンクに蓄えられた空気圧は、このブレーキバルブで制御されたうえで、リレーバルブに送られる。リレーバルブは、この空気圧に応じてバルブを開閉する構造で、ブレーキバルブに送られる空気圧とは別系統の空気圧がエアタンクから導かれていて、リレーバルブによって制御された空気圧がブレーキチャンバーに送られる。つまり、エアタンク→ブレーキバルブ→リレーバルブという経路で使用される空気圧は、信号圧として使用されるだけで、実際にブレーキ本体を駆動する作動圧とは独立され2段階にされている。

2段階にせず、ブレーキチャンバーに送る空気圧を、直接ブレーキバルブで制御することも可能だが、ブレーキチャンバーではブレーキ本体を作動させるために大量の空気圧が必要になるため、ブレーキバルブで扱う空気圧量が多くなり、全体の空気圧

■デュアルブレーキバルブ

ブレーキペダルを操作する踏力は、ブレーキバルブによって信号用の空気圧に変換される。安全のために2系統に分けられているので、プライマリーとセカンダリーそれぞれにイン／アウトがある。

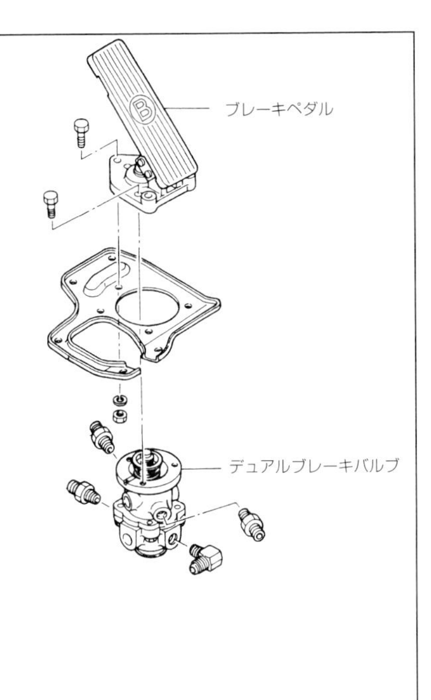

1. フロントブレーキチャンバー
2. コントロールバルブ
3. ドライヤー
4. エアタンク
5. チェックバルブ
6. セーフティバルブ
7. レジューシングバルブ
8. サプライバルブ
9. エアプレッシャーガバナー
10. リアブレーキチャンバー
11. ロードセンシングバルブ
12. リレーバルブ
13. リレーバルブ
14. ダブルチェックバルブ
15. 3ウェイバルブ
16. パーキングブレーキスイッチ（サービスブレーキ）
17. エキゾーストブレーキユニット
18. インテークサイレンサー
19. エアコンプレッサー
20. エアクリーナー
21. ストップランプスイッチ
22. クイックリリースバルブ
23. エマージェンシーバルブ
24. ストップランプスイッチ（トレーラーブレーキ）
25. ハンドコントロールバルブ（トレーラーブレーキ）
26. ハンドコントロールバルブ（パーキングブレーキ）
27. パーキングブレーキ解除検出スイッチ
28. デュアルブレーキバルブ
29. エアプレッシャーゲージ
30. ローエアプレッシャースイッチ
31. デュアルリレーバルブ
32. エアカップリング（エマージェンシー）
33. エアサービスバルブ
34. エアカップリング（サービス）

A. エアライン
B. ホース
C. エアサスペンション
D. 識別用色テープ（橙）
E. 識別用色テープ（白）
F. 3ウェイバルブ
G. クラッチブースターへ
H. エアサスペンションレベリングバルブへ
J. エアホーンスイッチへ
K. エアサスペンションへ

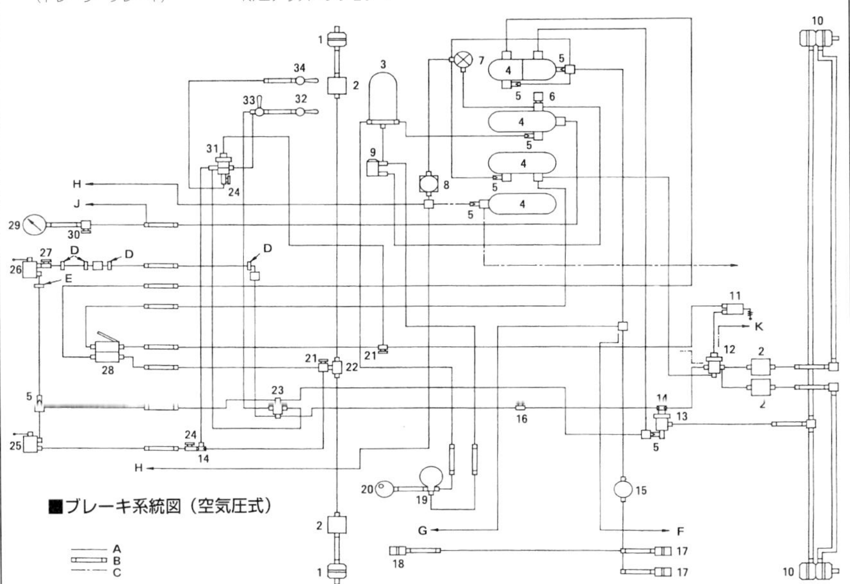

■ブレーキ系統図（空気圧式）

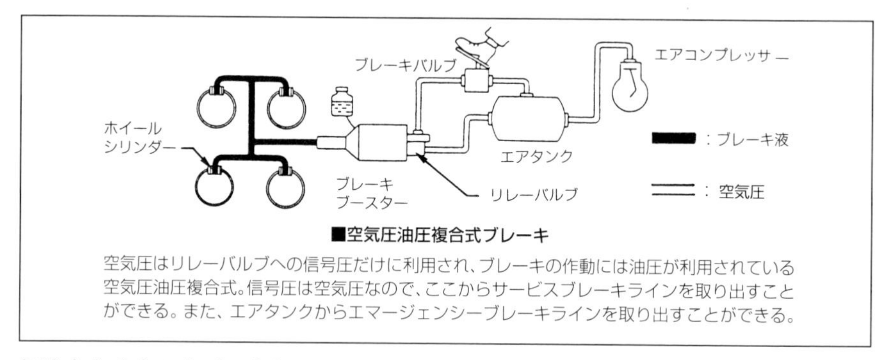

■空気圧油圧複合式ブレーキ

空気圧はリレーバルブへの信号圧だけに利用され、ブレーキの作動には油圧が利用されている空気圧油圧複合式。信号圧は空気圧なので、ここからサービスブレーキラインを取り出すことができる。また、エアタンクからエマージェンシーブレーキラインを取り出すことができる。

経路も太くする必要があり、必要な圧縮空気の量も多くなる。リレーバルブを使用して2段階にすれば、空気圧経路を短くすることができ、圧縮空気の量は少なくてもすむ。

なお、乗用車でも安全のためにブレーキ系統は2系統にされ、1系統にトラブルが発生しても、もう1系統が使用できるようにされているが、トラクターのブレーキ系統でも2系統にされている。そのためブレーキバルブは2系統が独立したデュアルブレーキバルブが使用されている。

空気圧油圧複合式ブレーキは、エアオーバーハイドロリックブレーキや、これを略してエアオーバーブレーキ、また空気・油圧式ブレーキや、エア・オイル複合式ブレーキ、略して単に複合式ブレーキと呼ばれることもある。空気圧油圧複合式ブレーキでは、空気圧式ブレーキと同様にブレーキペダルにはブレーキバルブが備えられ、空気圧が信号として使用されている。この信号圧がリレーバルブを備えたブレーキブース

■ブレーキブースター

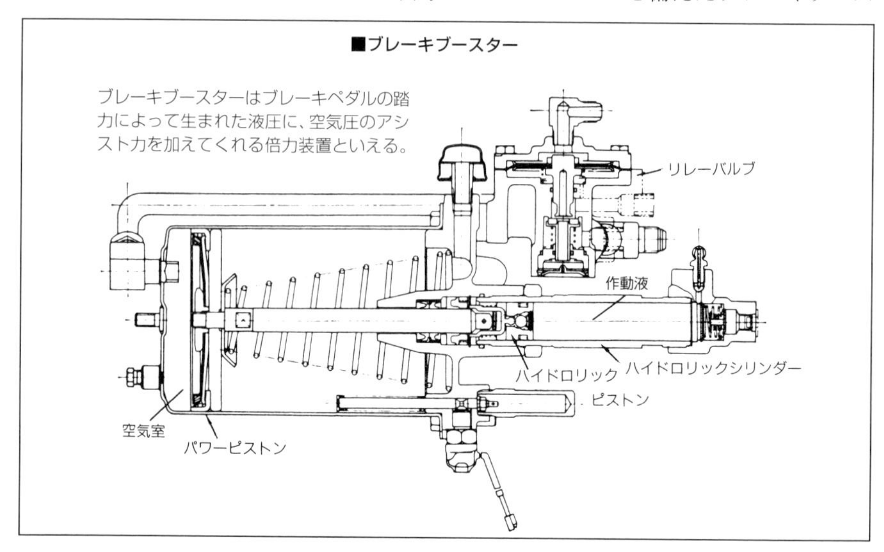

ブレーキブースターはブレーキペダルの踏力によって生まれた液圧に、空気圧のアシスト力を加えてくれる倍力装置といえる。

ターに送られる。ブレーキブースターはアシスト装置として機能し、ペダル踏力による油圧を空気圧でアシストしている。ブレーキブースター内にはパワーピストンを備えた空気室と、油圧を発生させるためのハイドロリックピストンが備えられている。リレーバルブに信号圧が送られると、別系統から導かれた空気圧が空気室に送られ、パワーピストンが押し出される。この力によってハイドロリックピストンが押され、油圧が発生する。この油圧がブレーキ本体に送られる。

◆トレーラーのための制動系

トレーラーのブレーキは、トラクターのブレーキに連動して作動する必要があるため、ブレーキペダルに備えられたブレーキバルブによって制御された空気圧が、信号圧としてトラクターに伝えられている。ブレーキバルブからリレーバルブまでの空気圧経路の途中に分岐が設けられ、トレーラーのリレーエマージェンシーバルブに送られる。このラインをサービスブレーキライン（常用ブレーキライン）という。リレーエマージェンシーバルブは、ブレーキバルブの開度に応じて、トレーラーに蓄えられたエアタンクから、ブレーキ本体の作動に必要な空気圧を供給する。

空気圧のラインはもう1本あり、このラインによって通常はトレーラーのエアタンクに空気圧が送られている。トレーラー側のエアタンクの空気圧が使われると、順次トラクター側から空気圧が供給される。このラインは、エマージェンシーライン（非常用ブレーキライン）と呼ばれるが、その名からも分かるように、空気圧供給用のラインであると同時に、エマージェンシー（緊急）ブレーキを機能させる役割もある。

事故などでトラクターとトレーラーが離れてラインが切れてしまったり、トラクターのブレーキ系統に異常が発生して空気圧が低下したような場合、エマージェン

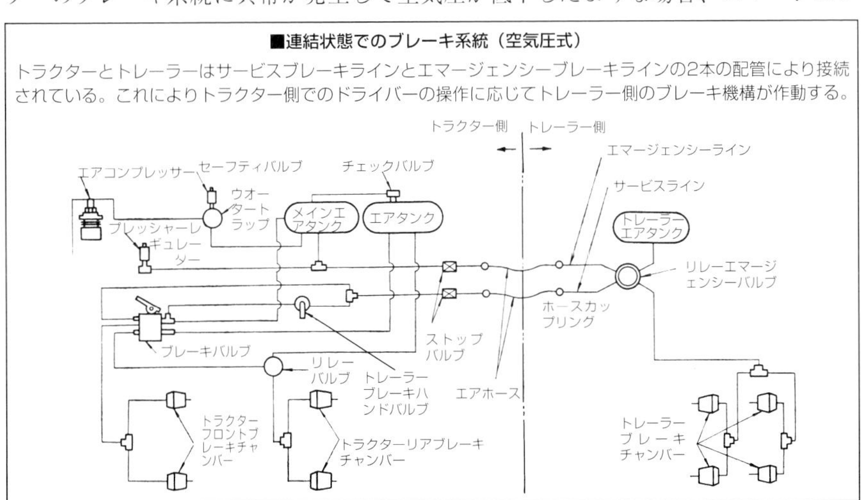

■連結状態でのブレーキ系統（空気圧式）

トラクターとトレーラーはサービスブレーキラインとエマージェンシーブレーキラインの2本の配管により接続されている。これによりトラクター側でのドライバーの操作に応じてトレーラー側のブレーキ機構が作動する。

■エアホースカップリング

サービスブレーキラインやエマージェンシーブレーキラインを接続するエアホースにはカップリングが備えられていて、トラクター側とトレーラーを接続することができる。

シーラインの空気圧の低下を受けて、トレーラーのリレーエマージェンシーバルブが、自動的にトレーラー側のブレーキ本体を作動させてくれる。ドライバーが気づいていなくても、トレーラー側の車輪に大きな制動力が発生するので、大きな事故を未然に防ぐことができる。

2本のラインは、パイピングによってセミトラクターではキャブ後部、フルトラクターでは車両後部のカップリングへ導かれている。トレーラー側にも同様のカップリングが用意され、エアホースで接続が行われる。あらかじめトラクター側にブレーキフィッティングとして、エアホース付きのカップリングが用意されていることも多い。

カップリングはJIS規格で定められていて、トラクターとトレーラーの互換性が守られている。カップリングの規格はアメリカのSAE規格と互換性のあるものと、日本独自のもの2種類が定められていたが、2000年からECの規格に互換性があるものにかわる。進行方向に向かって右側がサービスブレーキライン（S）、左側がエマージェンシーブレーキライン（E）というように原則的な位置もJISで定められている。色に関しても定めがあり、エマージェンシーブレーキライン用のカップリングは赤、サービスブレーキライン用のカップリングは赤以外にするように決められている。

この2管系のブレーキシステムは、第2次大戦後にアメリカで開発されたものがSAE規格にも定められ、世界中に広まっていったもので、日本でもこれをベースにしている。ただ一部には、ロシアやドイツなどのようにブレーキラインを1本として、トレーラーへの空気圧供給と制動時の指示を兼用している単管系を採用していることもある。イギリスなどでは、2管系をベースにして、さらに3番目のラインを設け、リレーエマージェンシーバルブを経由せずに、直接ブレーキ本体のブレーキチャンバーへ空気圧を供給できるようにしている3管系の多重安全方式を採用していることもある。

また、トラクターのブレーキ系統には、連結車特有のトレーラーブレーキが用意されている。これは、トラクターのブレーキペダルを踏まない状態で、つまりトラクターの常用ブレーキを作動させない状態で、トレーラーの常用ブレーキだけを作動させるもの。トレーラーブレーキを作動させると、トラクターは制動されず、トレーラーだけが制動される。たとえば長い坂を下るような状況では、トレーラー側だけで減速のための制動を行うと、車両が後方から引っぱられることになり、操縦性によい効果が得られる。ジャックナイフ現象を防止する効果もある。

トレーラーブレーキは、以前は足踏み式もあったが、現在ではレバーを使用するハンドバルブ式がほとんど。この方式では、レバーの操作に応じてサービスラインに空気圧が供給される。ただし、トレーラーブレーキばかりを使うことで、トレーラー側のメインブレーキだけが摩耗が進んでしまうため、国によってはトレーラーブレーキを以前から廃止しているところもあり、海外のトラクターには必ずしも装備されているわけではない。ECではトレーラーブレーキ全面廃止の方向に動いているので、将来的には日本でも廃止されるかもしれない。

トラクター自体のブレーキ系統で見てみると、トレーラーに空気圧を供給するためのエマージェンシーブレーキラインや、ブレーキバルブからトレーラーブレーキ用のハンドバルブを介して取り出されるサービスブレーキラインがあるものの、基本的にはトラックの空気圧ブレーキと同じ形式といえる。トラクターのブレーキ用エアタンクは、トレーラー側にもエアタンクがあるため、トラックに比べて大容量というわけではない。トラクターは空気圧式が主流であるため、空気圧油圧複合式のトラックに比べれば容量は大きいことになるが、空気圧式のトラックとは容量に差はない。ただし、トラクター側、トレーラー側双方のエアタンクにトラクターから空気圧を供給しなければならないため、エアコンプレッサーはトラックより強化され大きな容量のものが使用される。

空気圧油圧複合式ブレーキでも、ブレーキバルブからリレーバルブまでは空気圧が使用されているので、サービスブレーキラインを取り出すことは可能で、エアコンプレッサーの能力を高めれば、エマージェンシーブレーキライン用の空気圧も確保することができる。

◆補助ブレーキ

トラクターの制動系には、常用ブレーキをアシストするものとして、排気ブレーキや圧縮圧解放式エンジンブレーキといったエンジンブレーキの制動力を高める補助ブレーキや、プロペラシャフトの回転を抑制するリターダーといったブレーキをアシストする装置も備えられている。連結状態でフル積載時のトラクター&トレーラーの重量は大きく、最近では高速道路の利用も増えているため、補助ブレーキが必要になるという側面もあるが、経済性を高めたりドライバーの疲労軽減というメリットも大きい。

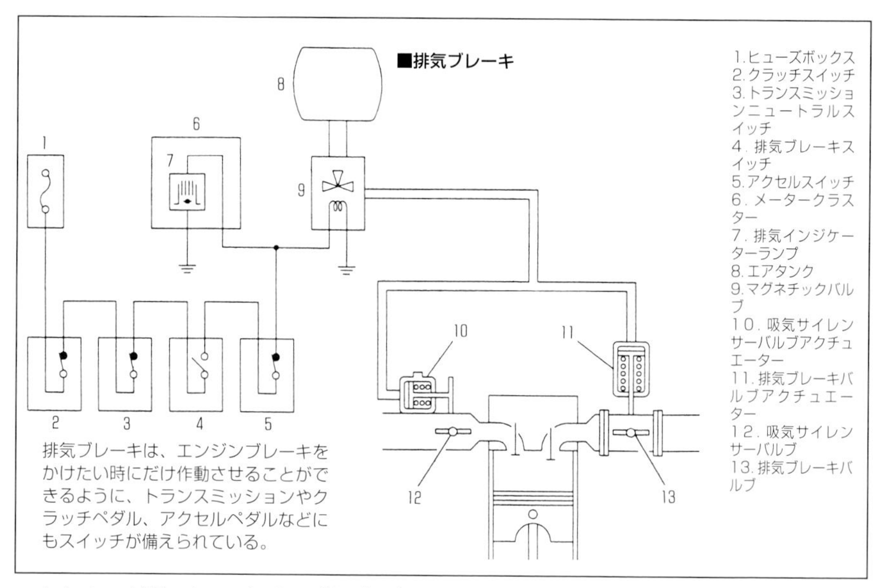

排気ブレーキは、エンジンブレーキをかけたい時にだけ作動させることができるように、トランスミッションやクラッチペダル、アクセルペダルなどにもスイッチが備えられている。

これらの補助ブレーキはいずれも、常用ブレーキのブレーキ本体を使用するものではないため、ブレーキライニングなどの摩擦材を消耗させることがなく、ブレーキ本体の寿命が伸び、交換作業の手間も減る。また、車間距離の維持や長い下り坂での常用ブレーキの使用回数が減ることになり、ドライバーの疲労が軽減される。さらには常用ブレーキの多用が減るため、フェード現象やベーパーロック現象（空気圧油圧複合式ブレーキの場合）が起こりにくくなり、安全性も高まる。

排気ブレーキはエキゾーストブレーキとも呼ばれ、エンジンブレーキの効果を高める効果がある。エキゾーストパイプ内にエキゾーストブレーキバルブを設け、運転席のエキゾーストブレーキスイッチの操作によって開閉が行われる。通常のエンジンブレーキでは、通常の駆動力の流れとは逆に駆動輪の回転がエンジンに伝えられ、エンジンの回転抵抗で駆動輪の回転の制動が行われる。回転抵抗には各部での摩擦や吸排気抵抗、さらには圧縮工程で空気を押し縮める力の反発などがある。この状態でさらにエキゾーストブレーキバルブが閉じられれば、排気工程でも空気の圧縮が行われることになり、回転抵抗が高まる。これによりエンジンブレーキの制動力が高まることになる。

ただし、インテークバルブとエキゾーストバルブにはオーバーラップと呼ばれる両方のバルブが開いている期間があり、エキゾーストブレーキバルブが閉じられていると、排気工程で圧縮された空気が吸気側に逃げて急膨張し騒音を発生することがある。そのため、インテークマニホールド側にもバルブを設けて、エキゾーストブレーキバルブと連動して開閉させていることもある。

エキゾーストブレーキスイッチは、制動が必要な際に必要に応じてON・OFFする必要はなく、常にONにしておいてもアクセルペダルを踏んでいたり、変速のためにクラッチペダルを踏んでいる状態では作動しない。エンジンブレーキが必要とされた状態、つまりアクセルペダルもクラッチペダルも踏まれておらず、ギアがニュートラル以外にある時にのみ作動するようにされている。

圧縮圧解放式エンジンブレーキは強化エンジンブレーキとも呼ばれ、三菱ふそうでは“パワータードブレーキ”、日産ディーゼルでは“エクストラエンジンブレーキ（EEブレーキ）”、日野では“エンジンリターダー”と名付けられ、それぞれにメカニズムは異なるが、基本的には同じ原理を利用している。

エンジンブレーキでは圧縮工程における圧縮作業が回転抵抗になるわけだが、実際

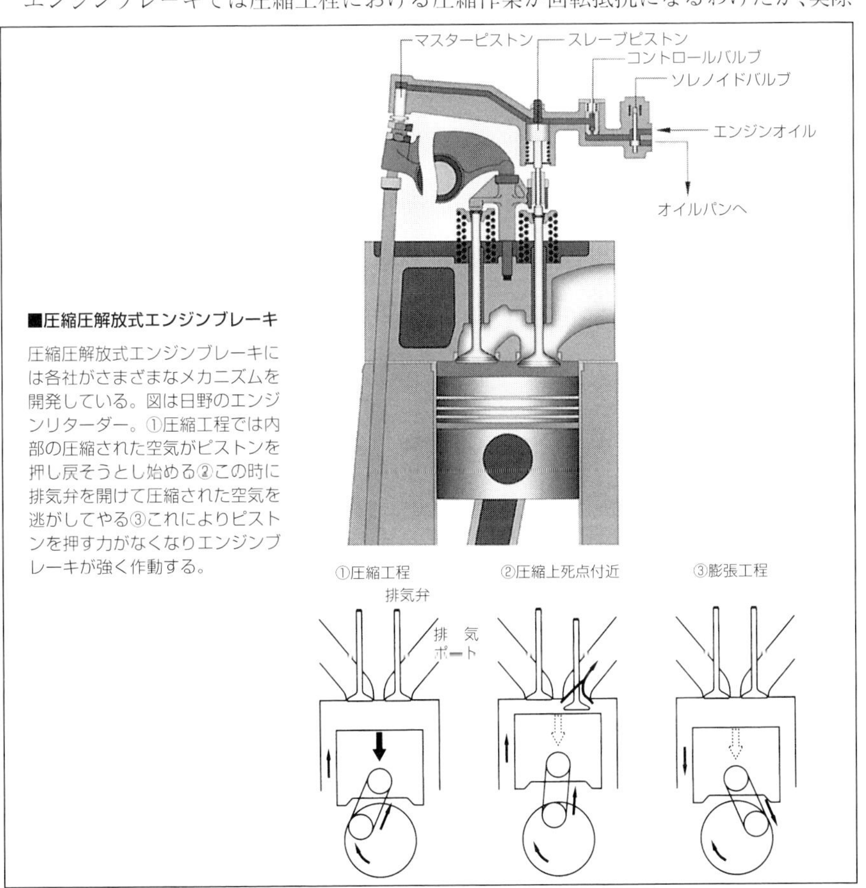

■圧縮圧解放式エンジンブレーキ

圧縮圧解放式エンジンブレーキには各社がさまざまなメカニズムを開発している。図は日野のエンジンリターダー。①圧縮工程では内部の圧縮された空気がピストンを押し戻そうとし始める②この時に排気弁を開けて圧縮された空気を逃がしてやる③これによりピストンを押す力がなくなりエンジンブレーキが強く作動する。

にはその次に訪れる膨張工程では、圧縮された空気が空気バネとなって反発してピストンを押すことになり、回転抵抗とは逆にエンジンを回そうとする力になってしまう。もし、この圧縮された空気を、膨張工程以前に解放することができれば、エンジンブレーキの効果がさらに高まる。

もっとも効果的な方法としては、圧縮工程の終わり付近でエキゾーストバルブを開いて圧縮された空気を逃がし、続いてエキゾースト、インテークの両バルブを閉じれば、ピストン下降時のシリンダー内は負圧になり、さらに大きな回転抵抗が生まれることになる。ただし、これではバルブの開閉が、通常のエンジン稼働時とはまったく異なった動きになってしまうため、バルブメカニズムが複雑になってしまう。そこで、一般的には圧縮工程でわずかにバルブを開き、圧縮空気を逃がしている圧縮圧解放式エンジンブレーキが多い。圧縮工程で発生する回転抵抗は減少することになるが、膨張工程での反発力が減るため、トータルとしてのエンジンブレーキの効果は高まる。

圧縮空気を逃がすのに使用されているのは、一般的にはエキゾーストバルブで、4バルブ式では2本のエキゾーストバルブのうち1本だけが開かれることが多い。なかには、三菱ふそうの“第3弁式パワータードブレーキ”のように専用のバルブを設け、必要に応じてこれを開いていることもある。圧縮圧解放式エンジンブレーキの作動は、排気ブレーキと同じタイミングで作動するようにされている。

リターダーとは、妨げるものという意味で、補助ブレーキ全般を指すこともあり、日野のように圧縮圧解放式エンジンブレーキをエンジンリターダーとネーミングしていることもあるが、トラクターやトラックで単にリターダーと呼んだ場合には、プロペラシャフトの回転を抑制することによって制動を行うものを指すことがほとんどだ。このリターダーには渦電流式と流体式があり、渦電流式はさらに電磁式と永久磁石式に分類される。日産ディーゼルは電磁式、いすゞは永久磁石式、三菱ふそうと日野は電磁式と流体式を採用している。これらのリターダーはいずれも、トランスミッションとプロペラシャフトの間に配置されたり、プロペラシャフトの途中に配置されている。パーキングブレーキ本体とセットにされることもある。

電磁式リターダーでは、プロペラシャフトとともに回転するディスクやドラムを設け、ディスクの側面やドラムの内側にステーターが配されている。ステーターは固定されたもので、その表面にはポールコアと呼ばれる電磁石が多数取り付けられている。電磁石に電気が流されて磁化されると周囲に磁界が作られるが、磁界のなかをディスクやドラムが移動すると、フレミングの法則によって移動を妨げる力が発生する。その力に逆らって移動を続けると、ディスクやドラムには渦電流が発生して流れ、熱が発生する。つまり運動エネルギーが電気エネルギーから熱エネルギーに変換されたことになり、制動が行われたことになる。電磁石に流す電流の強さを制御することで、

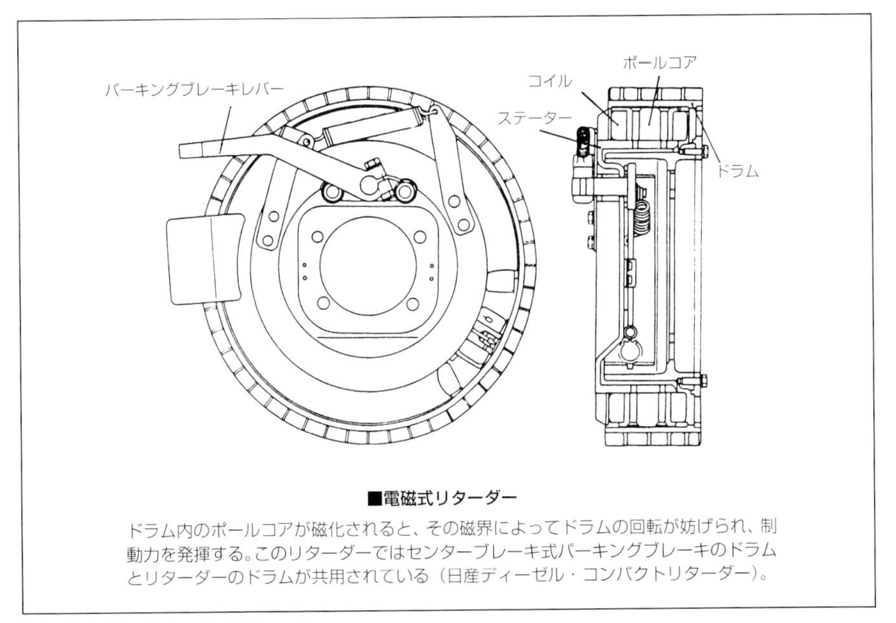

■電磁式リターダー

ドラム内のポールコアが磁化されると、その磁界によってドラムの回転が妨げられ、制動力を発揮する。このリターダーではセンターブレーキ式パーキングブレーキのドラムとリターダーのドラムが共用されている（日産ディーゼル・コンパクトリターダー）。

制動力を制御することも可能だ。

永久磁石式リターダーでは、電磁石のかわりに永久磁石が使用されている。永久磁石の場合、磁力のON・OFFは不可能なので、永久磁石を多数備えた回転板を、固定された回転板に出し入れすることで、磁界の範囲を変化させてリターダーのON・OFFを行っている。

流体式リターダーは、乗用車などに使用されているオートマチックトランスミッションのトルクコンバーターと同じ原理を利用している。トランスミッションのトルクコンバーターでは、オイル内にインペラーとタービンと呼ばれる羽根車が備えられ、インペラーの回転がオイルを媒介としてタービンに伝えられているが、もしタービンが固定されていれば、インペラーの回転は出力されることなく、摩擦によって熱エネルギーに変換される。流体式リターダーでは、ステーターと呼ばれる羽根車はハウジングとともに固定されていて、ローターと呼ばれる羽根車はクラッチを介してプロペラシャフトに取り付けられ、ハウジング内にはオイルが満たされている。リターダーがONにされるとクラッチが接続され、ローターが回転を始めるが、ステーターは固定されているため、その運動エネルギーは熱エネルギーに変換され、制動が行われる。クラッチを使用せずプロペラシャフトにローターを固定しているシステムもあり、この場合はハウジング内にオイルを入れたり出したりすることでリターダーのON・OFFを行っている。

◆ABSなど

トラクターではABSの採用が進んでいる。これはトラクターばかりでなくトレーラーにもいえることで、GVW13トン超のトラクターが91年10月から、危険物トレーラーが91年10月から、一般トレーラーのGVW10トン超が95年9月から、ABSの装備が義務付けられている。

トラクターのABSの機構や機能はトラックのものと同じだが、トレーラーとの連動を図るためのシステムが追加されている。このシステムがABS用のカップリングでトレーラーのABSと接続される。カップリングは、トラクターとトレーラーを接続している電気配線用のカップリングと同じ7極のものだが、実際には7極のうち5極しか使っていない。この接続では、トレーラーのABSを作動させる電源をトラクター側から供給することに加えて、トレーラーがABS付きかどうか、ABSが正常に機能しているかの信号がやり取りされているが、トラクターのブレーキ制御を行う信号を送っているわけではない。トラクターはトラクターのみでタイヤの動きを感知して制御している。5極の内訳は、1・バルブ駆動用電源、2・コンピュータ用電源、3・コンピュータ用アース、4・バルブ駆動用電源アース、5・警告灯とされている。

考えられる組み合わせとして、トレーラーとトラクターの双方がABS装備の場合は、当然のごとく双方が作動する。トラクターのみにABSが装備されている場合にはトラクターのABSは作動するが、トラクターにはABSがなく、トレーラーにのみABSが装備されている場合には、トレーラーのABSは作動させない。トラクター側にABS用のカップリングがないためトラクターのABSに電源が供給できないためにABSが作動しないという側面もあるが（電源供給だけならばほかの方法も考えられる）、トラクター側でトレーラーのABSが正常に作動しているかどうかを感知することができないので、危険なこともありうるということで、作動させないようにしている。

トラクターでは、ABSのほかにASR（アンチスリップレギュレーター）といった安全装備の採用も始まっている。ASRはABS用のセンサーを利用し、非駆動輪より駆動輪の回転が速くなると、エンジン出力を落とすことによって駆動輪の空転を防ぐ。これにより、滑りやすい路面での発進性や加速時の安定性を高めてくれる。

◆パーキングブレーキ

トラクターのパーキングブレーキ（駐車ブレーキ）には、センターブレーキ式とホイールパーク式があり、最近ではホイールパーク式の採用が増えてきている。

センターブレーキ式は、プロペラシャフトやトランスミッションのメインシャフトを固定する方式で、トランスミッションの後端やプロペラシャフトの途中に専用のブレーキ本体としてドラムブレーキが配されている。運転席のパーキングブレーキレバーを引くと、ケーブルによってこの動きがブレーキ本体に伝えられ、ブレーキが作

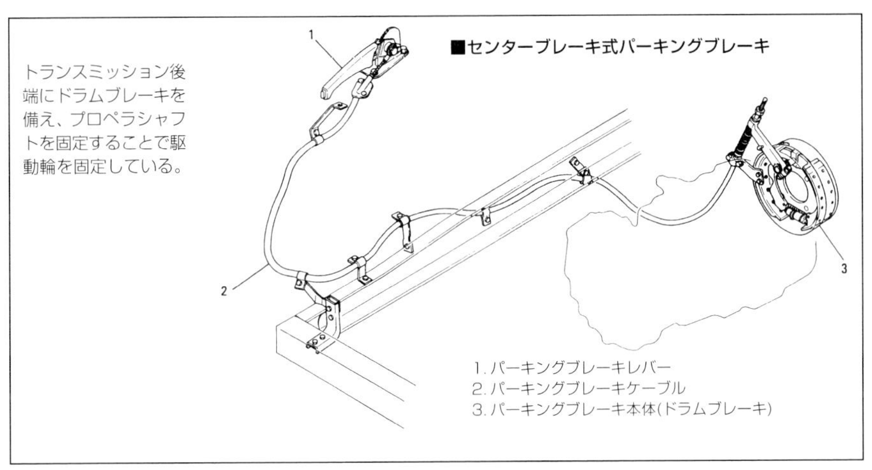

■センターブレーキ式パーキングブレーキ

トランスミッション後端にドラムブレーキを備え、プロペラシャフトを固定することで駆動輪を固定している。

1. パーキングブレーキレバー
2. パーキングブレーキケーブル
3. パーキングブレーキ本体(ドラムブレーキ)

動する。

ホイールパーク式は、スプリングの力によってホイールを直接固定するため、スプリングブレーキやスプリングローディッドブレーキと呼ばれることもある。専用のブレーキ本体はなく、常用ブレーキのブレーキ本体が使用される。空気圧式ブレーキを採用しているトラクターの場合、常用ブレーキ用のブレーキチャンバーの後方に、スプリングブレーキ用のチャンバーが設けられている。このブレーキチャンバーは、スプリングによってプッシュロッドを押し出す構造とされ、空気圧によってこのスプリングを押し縮められるようにされている。エアコンプレッサーはブレーキ系のものが共用されるが、エアタンクは安全のために専用のものが使用され、コントロールバルブを介してブレーキチャンバーに空気圧が送られている。走行中、つまりコントロー

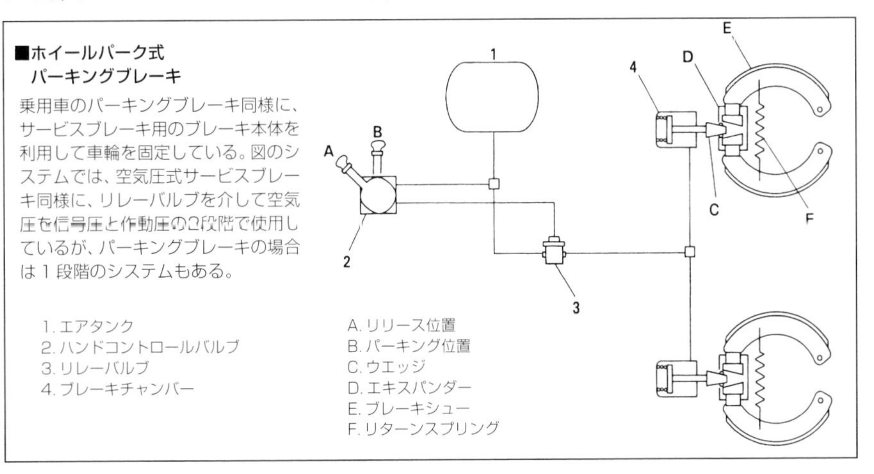

■ホイールパーク式パーキングブレーキ

乗用車のパーキングブレーキ同様に、サービスブレーキ用のブレーキ本体を利用して車輪を固定している。図のシステムでは、空気圧式サービスブレーキ同様に、リレーバルブを介して空気圧を信号圧と作動圧の2段階で使用しているが、パーキングブレーキの場合は1段階のシステムもある。

1. エアタンク
2. ハンドコントロールバルブ
3. リレーバルブ
4. ブレーキチャンバー

A. リリース位置
B. パーキング位置
C. ウエッジ
D. エキスパンダー
E. ブレーキシュー
F. リターンスプリング

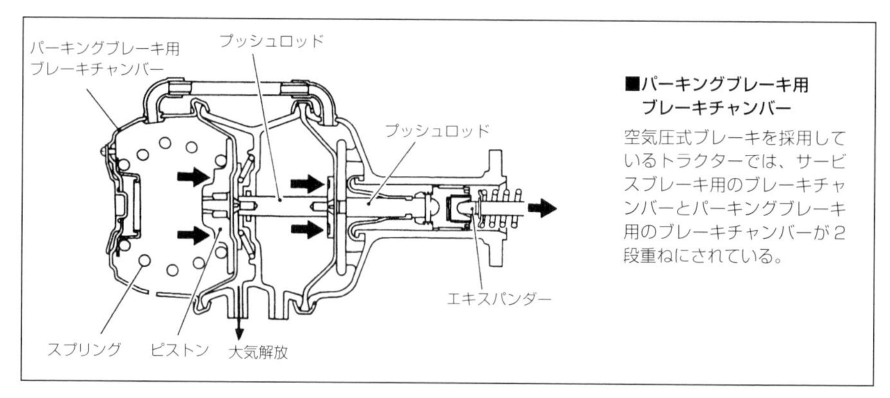

■パーキングブレーキ用
ブレーキチャンバー
空気圧式ブレーキを採用しているトラクターでは、サービスブレーキ用のブレーキチャンバーとパーキングブレーキ用のブレーキチャンバーが2段重ねにされている。

ルバルブがOFFの状態では、バルブが開かれ空気圧が供給されている。これによりスプリングが押し縮められ、プッシュロッドを押すことはない。コントロールバルブがONの位置にされると、エアタンク側の経路を閉じ、ブレーキチャンバー側の経路を大気開放する。これによりブレーキチャンバー内の空気圧が逃げ、スプリングの力でプッシュロッドが押し出されてブレーキが作動する。

空気圧油圧複合式ブレーキの場合は、常用ブレーキの作動には油圧が使用されているので、パーキングブレーキ用の専用のブレーキチャンバーとエキスパンダーが備えられる。空気圧系は空気圧式ブレーキの場合と同様だ。また、パーキングブレーキを作動させる空気圧は、空気圧式常用ブレーキと同様にリレーバルブを介して2段階で使用していることもある。

●電気系

トラクターの充電系は、乗用車と大差なくトラックと同じだ。発電機の容量は大きく、12Vではなく24Vが使用されている。バッテリーは12V仕様のものが2個直列で使用され、乗用車に比べると容量が大きい。

ボディ電装品についても乗用車やトラックと大きな違いはない。前方の灯火類が必要なのはもちろん、トラクターが単独で走行する場合に備えて、後方にも一連の灯火装置を装備している。灯火ではないが、トラック同様にトラクターにも速度表示灯が装備されている（車両総重量8トン以上または最大積載量5トン以上）。キャビン上部の前方に装備されるもので、黄緑色の3灯があり、時速40㎞以下では1灯のみ点灯、40～60㎞では2灯点灯、60㎞以上では3灯点灯となる。

トレーラー連結状態で走行する場合には、これらの灯火装置のうち後部のものはトレーラーに隠れて、後続車などからは見えなくなってしまう。そのため、トレーラー

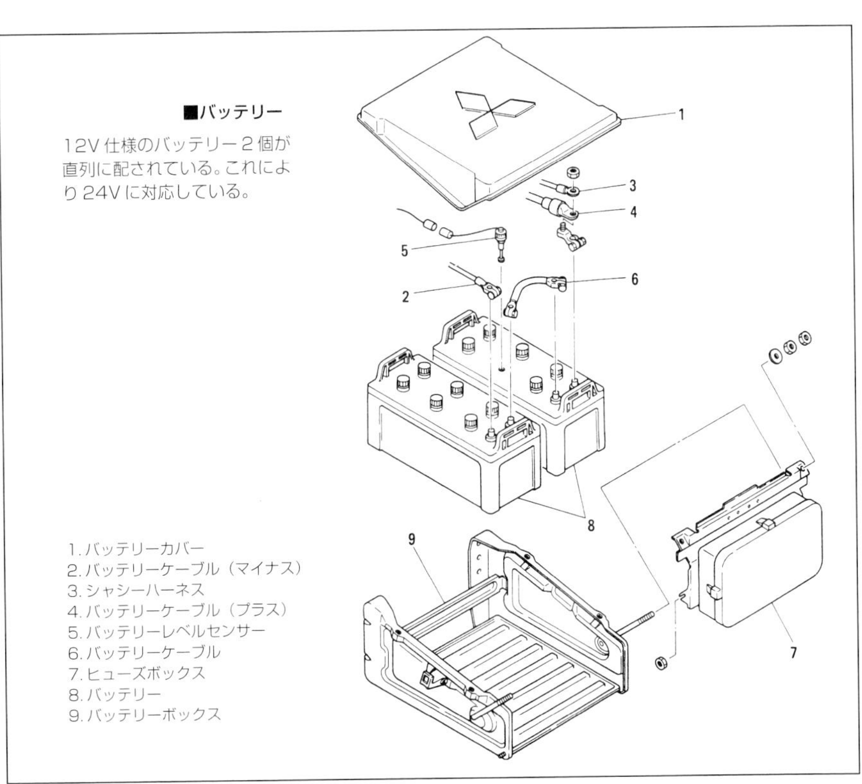

の後部にも一連の灯火装置が装備されている。しかし、トレーラーには発電機やバッテリーが備えられていないのが一般的(一部には架装のために発電機やバッテリーを備えることもある）なので、灯火装置のための電力と作動のための信号はトラクター側から供給しなければならない。そのために用意されているのが、ジャンパーケーブルのカップリングだ。

ジャンパーケーブルのカップリングには、JIS Ⅰ型7極（SAE型）とJIS Ⅱ型7極がある。どちらも7極の内訳は同じで、番号・略号・色別・用途の順に表記すると、1・WHT・白・アース、2・BLK・黒・駐車灯＆作業灯、3・YEL・黄・方向指示器（左）＆非常点滅表示灯（左）、4・RED・赤・制動灯、5・GRN・緑・方向指示器（右）＆非常点滅表示灯（右）、6・BRN・茶・尾灯番号灯＆車幅灯＆路肩灯、7・BLU・青・後退灯とされている。

このうち、2・駐車灯＆作業灯は現在では駐車灯が必須ではないため、荷室内照明やトレーラー架装で使用されている。ただし、最近では、電力を必要とするトレーラー架装が増えてきているため、電力の供給は大きな問題となる。一般的にトレー

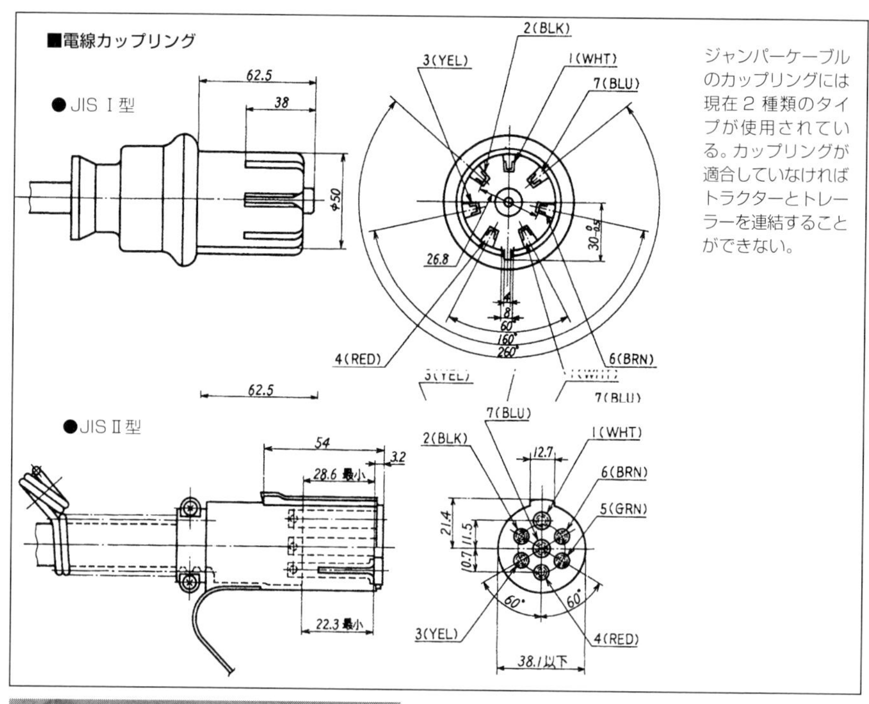

ジャンパーケーブルのカップリングには現在2種類のタイプが使用されている。カップリングが適合していなければトラクターとトレーラーを連結することができない。

■電線カップリングプラグ（JIS II型）

カップリングプラグの直径は5㎝。そんなに大きな電力が流れるケーブルではないが、安全のために大きなカップリングが使われている。

ラーが必要とする電力は、ここから供給されているが、このほかにも電力に対するトレーラー側の要望は大きい。単純に考えれば、トラクターのオルタネーターの容量を大きくすればよいのだが、それには障害がある。

トラクターの場合、大出力エンジンが搭載されることが多く、それだけにサイズも大きく、エンジンルームに大型のオルタネーターを設置することが難しい。まだス

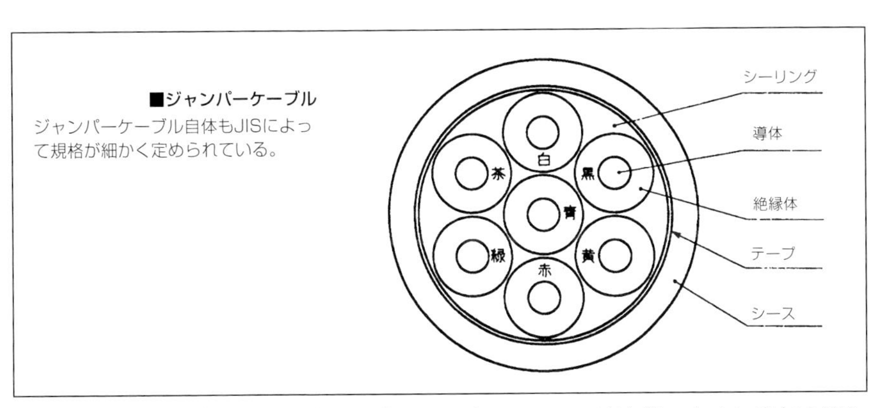

■ジャンパーケーブル
ジャンパーケーブル自体もJISによって規格が細かく定められている。

ペース的に多少の余裕があるとはいえ、エンジンルームには冷却のために空気の流れる空間が必要であるため、あまりに隙間なく装置類を詰め込んでしまうと、冷却能力が損なわれてしまう。しかも、エンジン出力が大きくなればなるほど騒音も大きくなりやすいため、遮音のためにエンジンルームを囲わなければならず、それだけ冷却能力が重要になる。

そこで、通常のオルタネーターの容量では不足する場合には、別途ディーゼル発電機などが使用される。トラクターにスタンドアローン（独立した）のディーゼル発電機を設置し、その電力をトレーラーに送っていることもある。しかし、冷凍トレーラーのようにトラクターと分離された状態でも冷凍機を作動させなければならないことがあるようなトレーラーでは、スタンドアローンの発電機がトレーラー側に設置されることもある。この場合、トレーラーの最前部やフロア下などのスペースを利用して発電機を設置する。

●架装

一般貨物用のトラックの場合ならば荷室や荷台、特装車の場合ならばダンプトラックの荷台装置やタンクローリーのタンク部分など、シャシーに搭載される部分を架装と呼ぶ。こうした架装を扱うメーカーはボディメーカーや特装メーカーと呼ばれ、トラックメーカーが製造するのはキャビンを備えたシャシーまでで、以降はボディメーカーによって架装が行われる。トラクターの場合でも架装はボディメーカーによって行われるのが基本で、トラックメーカーは汎用シャシーという形で販売する。

セミトラクターの場合は、連結装置であるカプラーが架装の中心で、これに加えてプラットホームと呼ばれる連結作業用の踊り場である狭い踏み板が装着される程度。さらに、キャブへの積荷突入防止用の柵として、キャブプロテクターが装備されたり、

■セミトラクターの架装

セミトラクターには連結装置であるカプラー以外にはほとんど架装と呼べるものはない。カプラーの周囲は平面になっていなければトレーラーを連結することができないので、当然のことといえば当然。

夜間の連結作業を行いやすいように作業灯が装備されることもある。このほか、荷役作業用のウインチが装備されることもある。いずれにしても、トレーラー連結時に干渉しないようにシャシーフレーム上面より高い位置には、カプラーを除いてほとんど突出部がないように作られる。

架装はほとんどないことになるため、汎用シャシーとして販売されることが大半で、

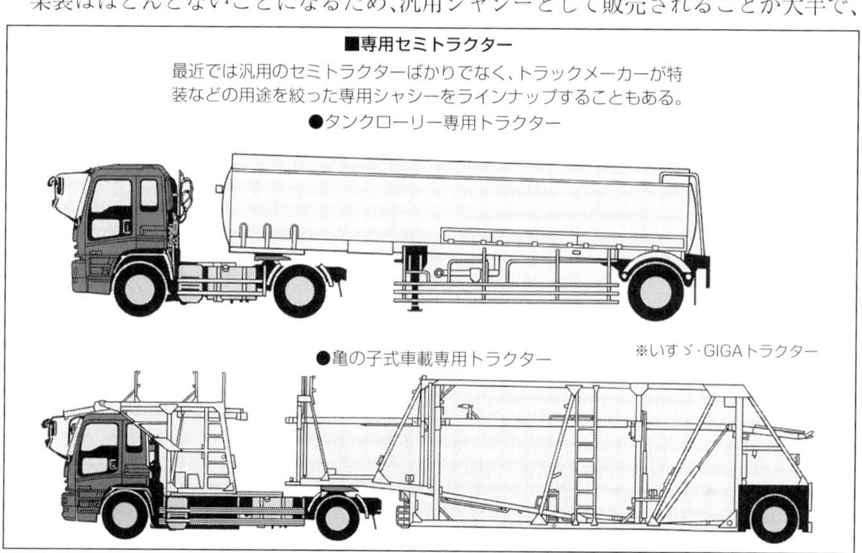

■専用セミトラクター

最近では汎用のセミトラクターばかりでなく、トラックメーカーが特装などの用途を絞った専用シャシーをラインナップすることもある。

一部にはトラックメーカーが完成車を販売することもあるが、その場合でもカプラーなどは専門メーカーのものを購入して取り付ける。ただし、最近ではトラックメーカーが汎用シャシー以外に専用シャシーを設定していることもある。専用シャシーとして用意されているセミトラクターにはローリー用や車載専用があり、ローリー用はタンクローリーなどに使用されるもので、ポンプやPTOの架装があらかじめ考慮されている。車載専用シャシーは、亀の子式車載トレーラーと組み合わせるもので、現在の亀の子式車載トレーラーではセミトラクターのキャビン上にも1台分の積載スペースを設置することがほとんどなので、それに応じたキャビン高や、車載構造を支える部分を架装するスペースに応じたホイールベースが設定されている。

トラクターの架装は、トラック同様にボディメーカーによって行われる。特にフルトラクターの架装はほとんどすべてがボディメーカーで行われる。トラックメーカーでは、トラック同様に汎用シャシーの形で、けん引フックを備えたフルトラクターを販売する。一部には、フルトラクターではなく汎用トラックのシャシーを、ボディメーカーが架装を行うと同時に、けん引フックも取り付け、フルトラクターとして完成させることもある。これをトラックのピントルフック改造と呼ぶ。ボディメーカーでけん引フックを取り付ける際には、必要に応じてシャシーフレームの補強が行われることもある。

フルトラクターの架装は、理屈のうえではトラックの架装同様にさまざまなものが考えられる。しかし、日本ではフルトレーラー式は極めて少なく、大半は汎用の各種貨物を運搬するためのバンボディかアオリ付きの平ボディだ。一部には、タンク車(危険物は除く)、バルク車、ダンプ車、ミキサー車、亀の子式車両運搬車、コンテナ

■特装フルトラクター

まだまだ活用例は少ないが、大量輸送のために特装フルトラクターも登場してきている。

●エア式粉粒体運搬車
※新明和工業・バルクZフルトレーラー

●飼料運搬車
※新明和工業・ファームパックフルトレーラー

車もあるが、ごく限られた例でしかない。
連結装置もトラクターならではの架装物といえないことはないが、これはトラクター側とトレーラー側をまとめて解説したほうが分かりやすいので、次の章でまとめて解説する。

●キャビン

キャブとも呼ばれることが多いキャビンは、運転席であると同時に、ドライバーの居住空間である。長距離で使用されるものには、ベッド付きキャブなどが使用される。現在の主流はハイルーフタイプだが、車載トレーラーのようにキャビン上にも架装が施されるトラクターでは、標準ルーフもある。
ひと昔前のトラクターのキャビンは快適といえる空間ではなかったが、現在では高級乗用車に引けを取らない装置を備えている。乗用車の場合、モノコックボディなの

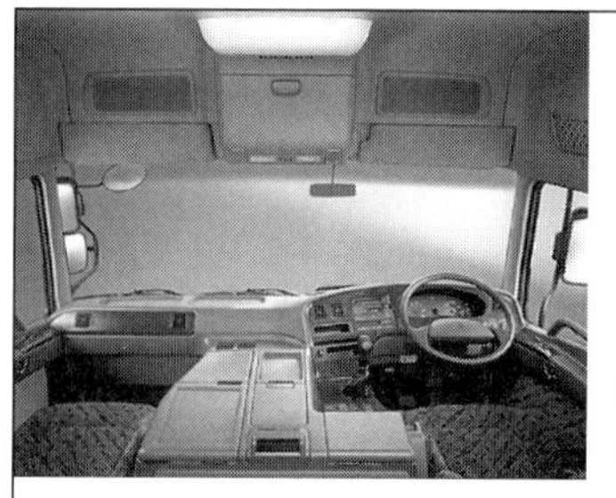

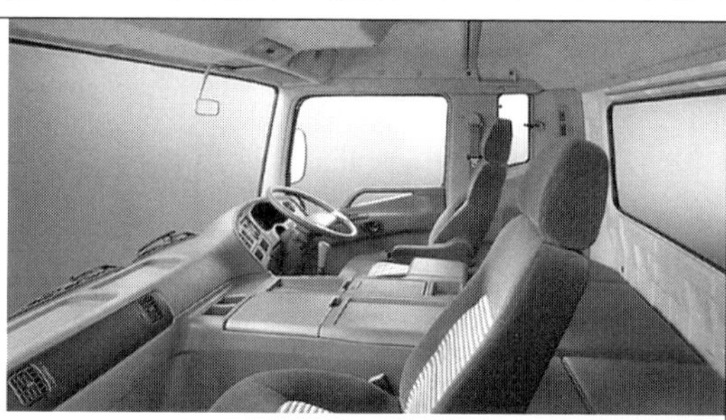

■キャビン内
トラクターのキャビンは乗用車に引けをとらない快適な運転空間が実現されている。安全に対する配慮も充分に行われている。

■フローティングキャブ
キャブ全体をエアサスペンションなどで支えることで、乗り心地を向上させている。乗り心地の向上はドライバーの疲労軽減にもつながる。

で車内の振動は車両のサスペンションの能力によって決定されるが、トラクターのキャビンはシャシーフレームとは別に作られたうえで装着されるので、シャシーフレームとキャビンの間に振動軽減のサスペンションを設けることが可能だ。トラクターの車両のサスペンションは、乗用車のサスペンションに比べると乗り心地を重視したものではないが、キャビン全体をサスペンションで支えることで、乗り心地を向上させている。コイルサスペンションやエアサスペンションでシートを支え、さらに快適性を高めるシートサスペンションといった装備もある。

●安全装置

すべての車両にいえることだが、トラクターにとっても安全性は重要な項目といえる。積載時の車両総重量が大きく、最近では高速道路の使用も増えていることから、運動エネルギーは乗用車とは比べものにならないほど大きく、衝突などが起こった際の衝撃は非常に大きい。また、積載物の種類によっては危険なこともあり、特にタンクトレーラーでは可燃性の液体を運搬することもある。

各種の補助ブレーキやABS、ASRも安全装備のひとつといえるが、視認性の高い

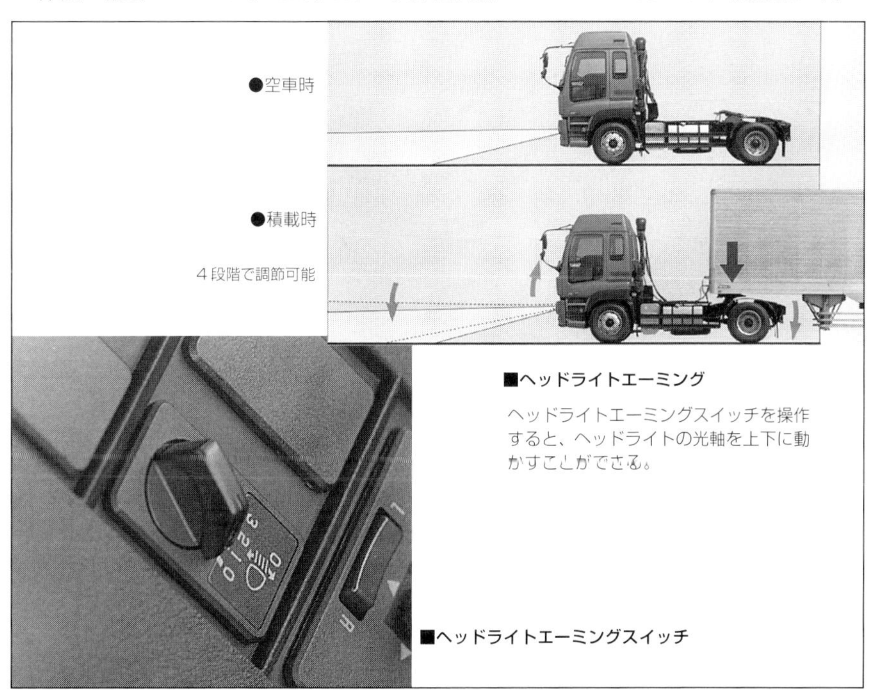

■ヘッドライトエーミング

ヘッドライトエーミングスイッチを操作すると、ヘッドライトの光軸を上下に動かすことができる。

■ヘッドライトエーミングスイッチ

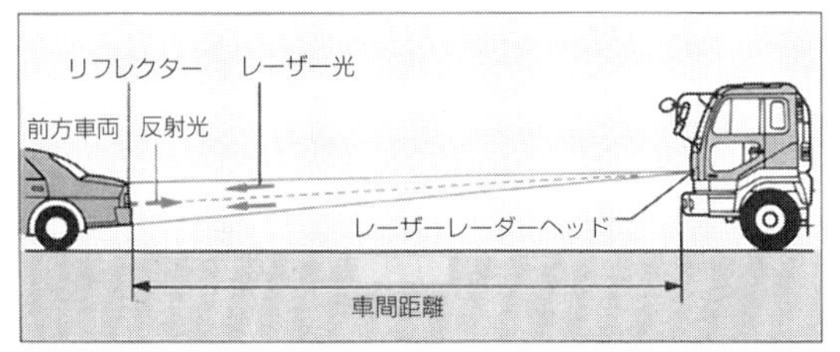

●ディスプレイユニット

■車間距離警報装置
レーザー光を利用することで先行車との車間距離を常に測定し、車間距離が短くなると警告を発してくれる。

ディスチャージヘッドランプを装備するトラクターは数多い。乗用車でもディスチャージヘッドランプの採用が始まっているが、現在の販売時の比率ではトラクターのほうがはるかに高い。ヘッドライトに関しては、エーミング機能を備えていることが多い。フルトラクターでは積載時と空車時、セミトラクターでは単独時と連結・積載時ではトラクターにかかる荷重が異なり、ヘッドライトの光軸が変化してしまう(エアサスペンションでは防げる)。そこで、積載状態などに応じて運転席のエーミングスイッチで光軸をかえることができる。

また、車間距離警報装置や追突警報装置といった安全装置がオプション設定されていることが多い。レーザーなどを利用して、先行車との車間距離を測定し、危険距離になるとドライバーに警報を発してくれる。この機能をさらに発展させたスキャニングクルーズ機構といったものも実用化されている。スキャニングクルーズ機構は、車間距離警報装置とオートクルーズを一体化したものといえ、先行車がいない場合はセットした車速で定速走行を行い、先行車がいる場合はセットした車速を上限として、車速に応じた車間距離を保つように加減速が行われる。先行車との間に他車が割り込んできても、スムーズに安全車間距離に移行してくれる。

もちろん、事故が起こってしまった際のドライバーの生命を守るための安全装備も用意されている。キャビンの構造自体が衝撃安全性が高められた高剛性なのはもちろん、衝撃吸収ステアリングホイール&シャフトや、シートベルト、SRSエアバッグなど乗用車同様の装備が施されている。

連結装置の構造

●トラクター&トレーラーの連結装置

トレーラーには、セミトレーラー式やフルトレーラー式のほか、ポールトレーラー式があり、それぞれに連結装置の構造は異なる。走行中に外れれば危険なことはいうまでもないうえ、トラクターとトレーラーで規格が統一されていなければ安全に接続することができないため、JISなどできめ細かく規格が定められている。

●セミトレーラー式の連結装置

セミトラクターに装備される連結装置は一般的にカプラーと呼ばれ、ヨーロッパで原形が開発されたものがアメリカで発展し、第2次大戦後に世界各国に普及した。フィフスホイールカプラー(5thホイールカプラー)が英語でのフルネームで、日本語では第5輪式連結器、そのほか第5輪カプラーと呼ばれたりする。余談であるが、この5thホイールという名称は、トラクターの4輪の次の回転部分ということで呼ばれるようになったともいわれるが、自動車以前の馬車の時代まで遡るという説もある。4輪馬車では、前輪の車軸を操舵のために回転できるようにされていたが、この転向輪(鞍

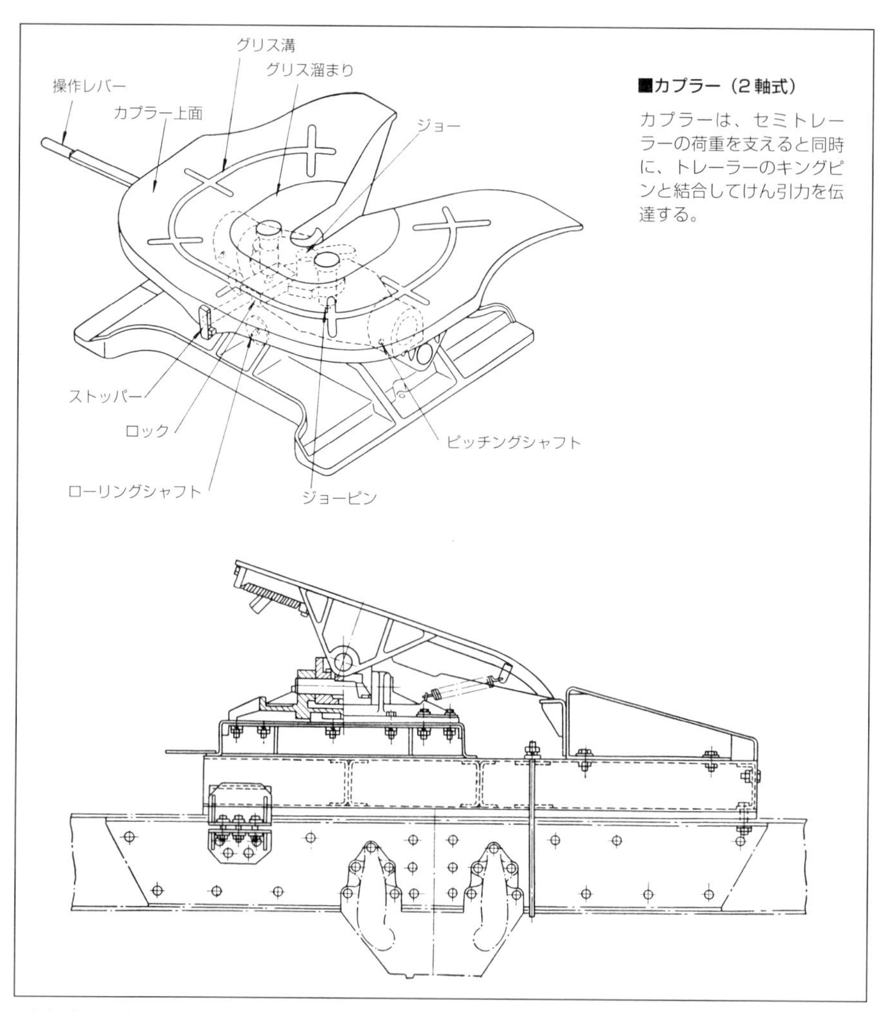

■カプラー（2軸式）

カプラーは、セミトレーラーの荷重を支えると同時に、トレーラーのキングピンと結合してけん引力を伝達する。

型連結装置）が4輪の次の輪ということで5thホイールと呼ばれるようになり、その伝統（？）が受け継がれて、トレーラーの連結装置がフィフスホイールと呼ばれるようになったともいう。

カプラーの取り付け位置は、荷重の配分により、カプラーの中心（キングピンが収まる位置）が、セミトラクターの後輪車軸の中心よりわずかに前にされている。トラクターの後輪が2軸の場合には、2軸の中心より前にされる。この中心からの前方へのズレを第5輪オフセットと呼び、カプラーにかかる荷重を第5輪荷重と呼ぶ。カプラーの位置によって第5輪荷重がトラクターの車軸にどのように配分されるかが決定され

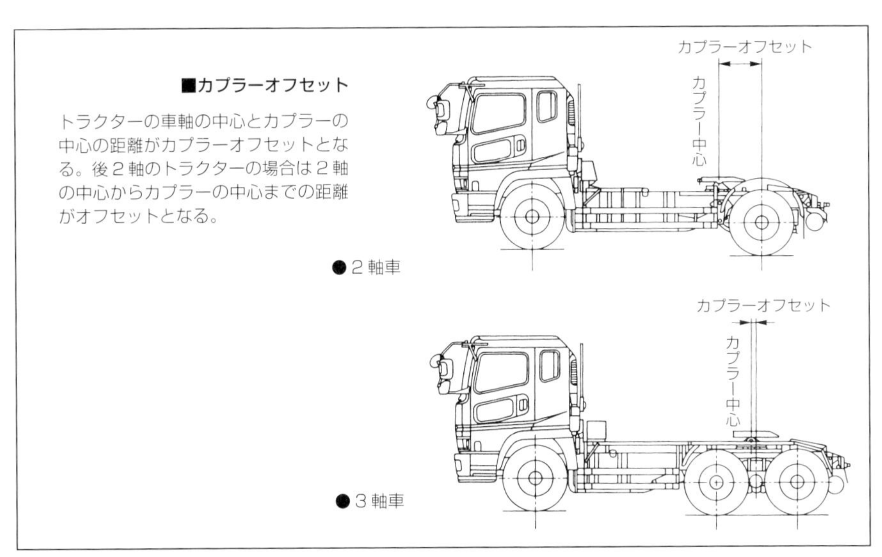

■カプラーオフセット

トラクターの車軸の中心とカプラーの中心の距離がカプラーオフセットとなる。後2軸のトラクターの場合は2軸の中心からカプラーの中心までの距離がオフセットとなる。

●2軸車

●3軸車

るわけだが、後輪車軸の中心より後方にするわけにはいかない。もし、後輪車軸より後方にカプラーが配され、トレーラーの荷重がここにかかってしまうと、加減速時や登降坂時および旋回時に、トレーラーの荷重がトラクターのハンドリングに悪影響を与えてしまう。

各種のトレーラーの荷重に対応するには、カプラーの位置を変化させると効率的だが、日本では保安上の理由からカプラーの位置は固定とされている。しかし、アメリカなどでは1台のトラクターでさまざまなトレーラーをけん引できるように、カプ

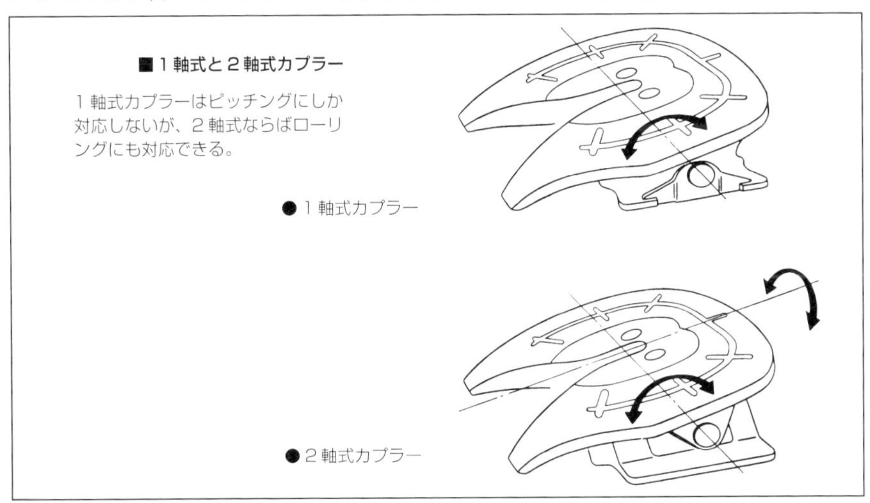

■1軸式と2軸式カプラー

1軸式カプラーはピッチングにしか対応しないが、2軸式ならばローリングにも対応できる。

●1軸式カプラー

●2軸式カプラー

ラーの位置を前後に移動させられるスライディングカプラーが多用されている。
カプラーの機能は、セミトレーラーの荷重を支えると同時に、トレーラーのキングピンと結合してけん引力を伝達するもので、サブベース上のカプラーベースが荷重を支え、内部のジョーがキングピンをロックする。カプラーを大別すると、1軸式と2軸式の2種類がある。
これは揺動による分類で、どちらもピッチングはできるが、1軸式のカプラーはローリングができない(わずかにローリングできるものもある)ため、ピッチングオンリー型とも呼ばれる。2軸式はローリングもできるため、ピッチング・ローリング型と呼ばれる。現在では高速用のトラクター&トレーラーでは、道路が充分に整備されているので、ほとんどが1軸式を採用している。重量用のトラクター&トレーラーでは、日本では2軸式が一般的だが、欧米では1軸式が使われる。どちらかといえば2軸式は日本独自のものといえ、ひと昔前までは日本の道路事情が悪く、カプラーに悪路走破性が必要だったからと考えられる。
1軸式カプラーをさらに分類すると、シャフト付きカプラーと、ラバー付きカプラー、ラバー&シャフト付きカプラーの3種類がある。シャフト付きカプラーでは、カプラーベースの裏側の左右にボスがあり、ピッチングシャフトを介してブラケットに接続される。ピッチングシャフトの回転部分にはメタルブッシュが挿入されることが多い。ブラケットはさらにサブベースに固定されるが、ブラケット一体型のサブベー

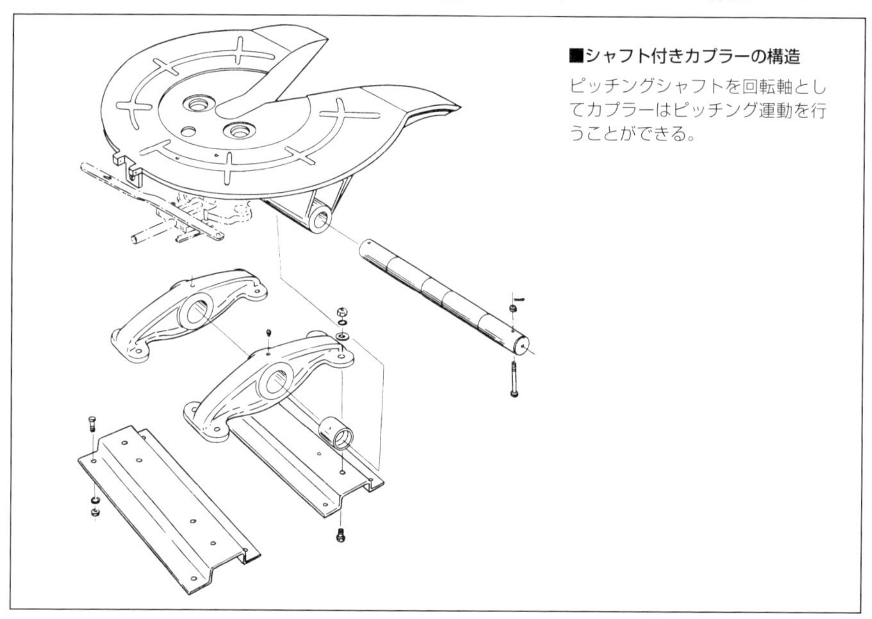

■シャフト付きカプラーの構造

ピッチングシャフトを回転軸としてカプラーはピッチング運動を行うことができる。

■ラバー付きカプラーの構造

ラバーの弾力を利用して動くため、多少はローリングにも対処できるが、基本的にはピッチング方向にのみ動くようにされている。

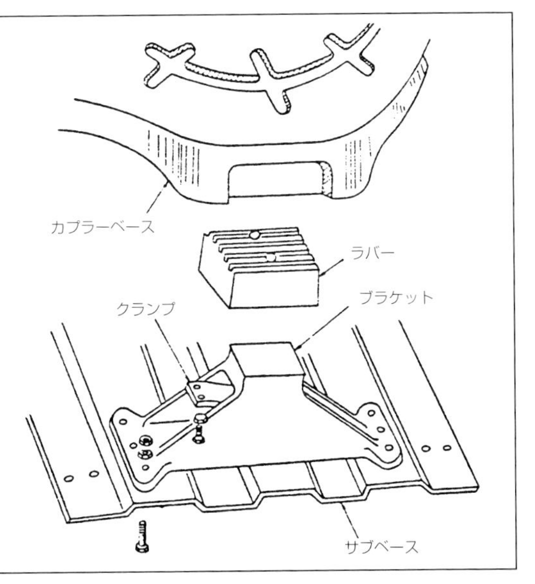

スもある。カプラーベースは、このピッチングシャフトを回転軸として、首振り運動を行うことができる。

ラバー付きカプラーでは、コンプレッションブッシングとも呼ばれるラバーの弾力でピッチングが行えるようにされている。カプラーベースの裏側にはラバーが入るための四角い枠があり、ここにラバーが収められる。台形のブラケットの先端は箱型で、ラバーの裏側にもこの箱型に応じた窪みがあり、ブラケットの先端にかぶせられる。ブラケットにはクランプが備えられていて、カプラーベースに締め付けられる。カプラーベースは、このラバーの弾力によってピッチングできるが、わずかにはローリングも受け止めてくれる。

ラバーには、内外に溝や孔が設けられて、偏った荷重による変形を防いでいる。荷重を受ける部分にラバーを使用しているので、振動やブレーキをかけた際のトレーラー側からの突き上げによるショックを吸収してくれるため乗り心地がよく、シャフトがないため構造が簡単で部品の交換も容易になり、シャフト式に比べて軽量というメリットもある。

ラバー＆シャフト付きカプラーは、シャフト付きカプラーにラバーを併用してショックを吸収する機能を盛り込んだもので、カプラーベースの裏にラバーブッシュを介してホルダーピンをクランプで固定し、このホルダーピンとブラケットがピッチングシャフトで接続される。シャフト付きカプラー同様のボス付きのカプラーベースに、筒状のクッションラバーをラバーブッシュとして採用しピッチングシャフトを取

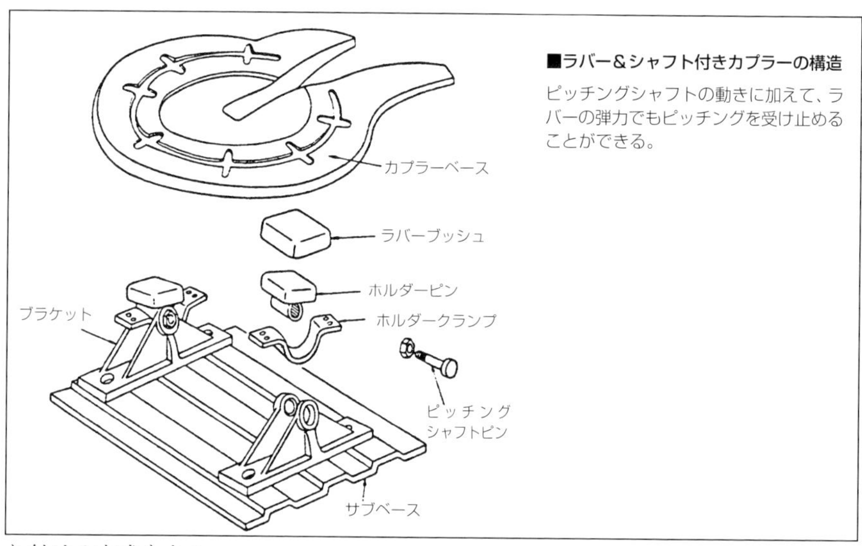

■ラバー＆シャフト付きカプラーの構造

ピッチングシャフトの動きに加えて、ラバーの弾力でもピッチングを受け止めることができる。

り付ける方式もある。

2軸式カプラーでは、カプラーベース裏側の左右のボスにピッチングシャフトが通されるが、シャフトはブラケットに接続されるのではなく、ウォーキングビームサポートに接続される。ウォーキングビームサポートの下側中央にはシャフト穴があり、ローリングシャフトを介してサブベースに接続される。ウォーキングビームの左右の

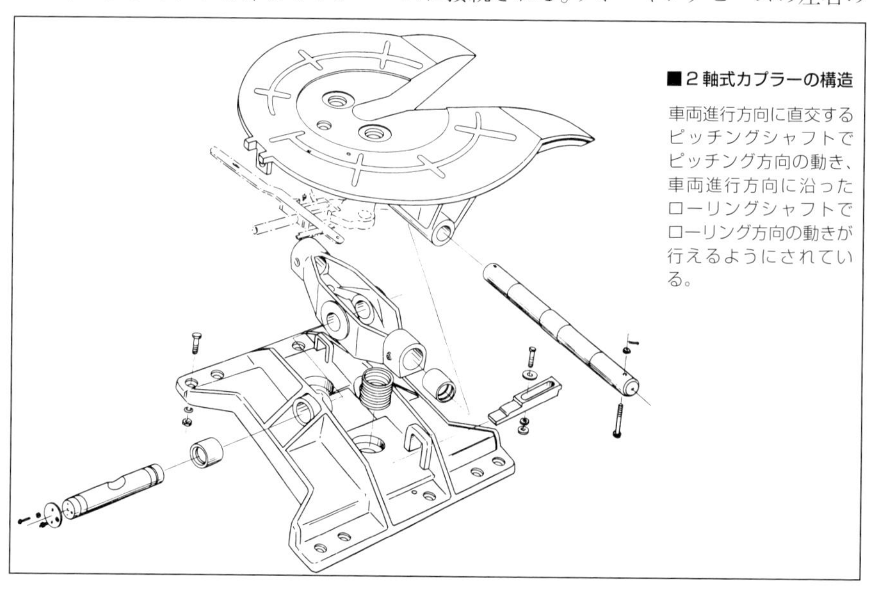

■2軸式カプラーの構造

車両進行方向に直交するピッチングシャフトでピッチング方向の動き、車両進行方向に沿ったローリングシャフトでローリング方向の動きが行えるようにされている。

■2軸式カプラーのローリングの調整

ウエッジを押し込むとローリングできる範囲が限られることになり、不必要なローリングを防ぐことができる。

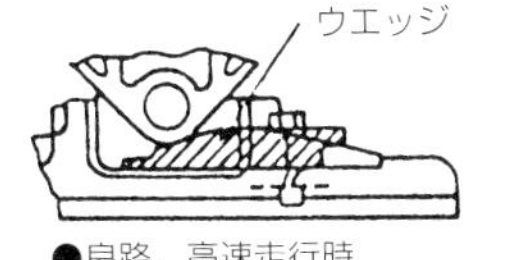

●良路、高速走行時

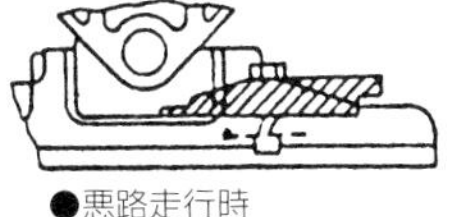
●悪路走行時

下にはスプリングが備えられ、衝撃が吸収されている。また、サブベースの両側にはクサビ状のウエッジがあり、固定ボルトをゆるめて前後に動かすことで、ウォーキングビームの首振り角度を制限することができる。悪路を走行する場合には、ウエッジを最大まで引き出してローリング角度を大きくし、平坦な道路を高速で走行する場合には、ウエッジを押し込みローリング角度を小さくすることができる。

ベースプレートやサドルとも呼ばれるカプラーベースは丸型と角型があり、鋼鋳製または鋼板プレス成型で作られ、中央から周囲にかけては、キングピンを通して固定するためのV字形の溝が作られている。丸型と角型で見かけ上の受圧面積は同じだが、トレーラー側のフレーム構成が縦横に直交する骨格であるため、角型のほうが合理的だという考えが支配的になり、現在では角型が主流となっている。カプラーベースのトレーラーに触れる上面は機械加工で平滑にされ、グリス溝とグリス溜まりが刻まれている。

キングピンを受け止める部分は、顎状の構造のためジョーと呼ばれ、カプラーベースの裏側中央に取り付けられている。ジョーは2個1組で使われ、それぞれがジョーピンによって接続され、リターンスプリングでキングピン挿入部分が閉じるように保持されている。ジョーやジョーピンには、けん引および発進、停止などの際に大きな荷重がかかる。ジョーの前方にはロックプランジャーがあり、カプラーベース前端のボスにステム部がガイドされ、操作レバーと一体になって動くようにされている。操作レバーにはラッチ機構が備えられていて、レバーの位置を保持できるようにされている。ロックプランジャーの前方にはプランジャースプリングがあり、プランジャーをジョー側に押し付けている。カプラーベースのボスにはストッパーが装備され、通常はロックプランジャーが移動しないようにボスをふさいでいる。ストッパーの位置はリターンスプリングで保持されているが、ワイヤー操作によって外すことができる。

ジョーを開くためには、ワイヤーを操作してストッパーを外し、操作レバーを動かしてロックプランジャーを前方に移動させる。これにより、リターンスプリングの力でジョーが開く。この状態でトラクターをバックさせて、トレーラーのキングピンをカプラー内に完全に入れる。キングピンによりジョーが押されると、ジョーピンを中心に回転しながらジョーが閉じ、ロックプランジャーがジョーの前方の間に入り、ジョーが完全に閉じる。同時に、ストッパーもリターンスプリングによって閉じ、ロッ

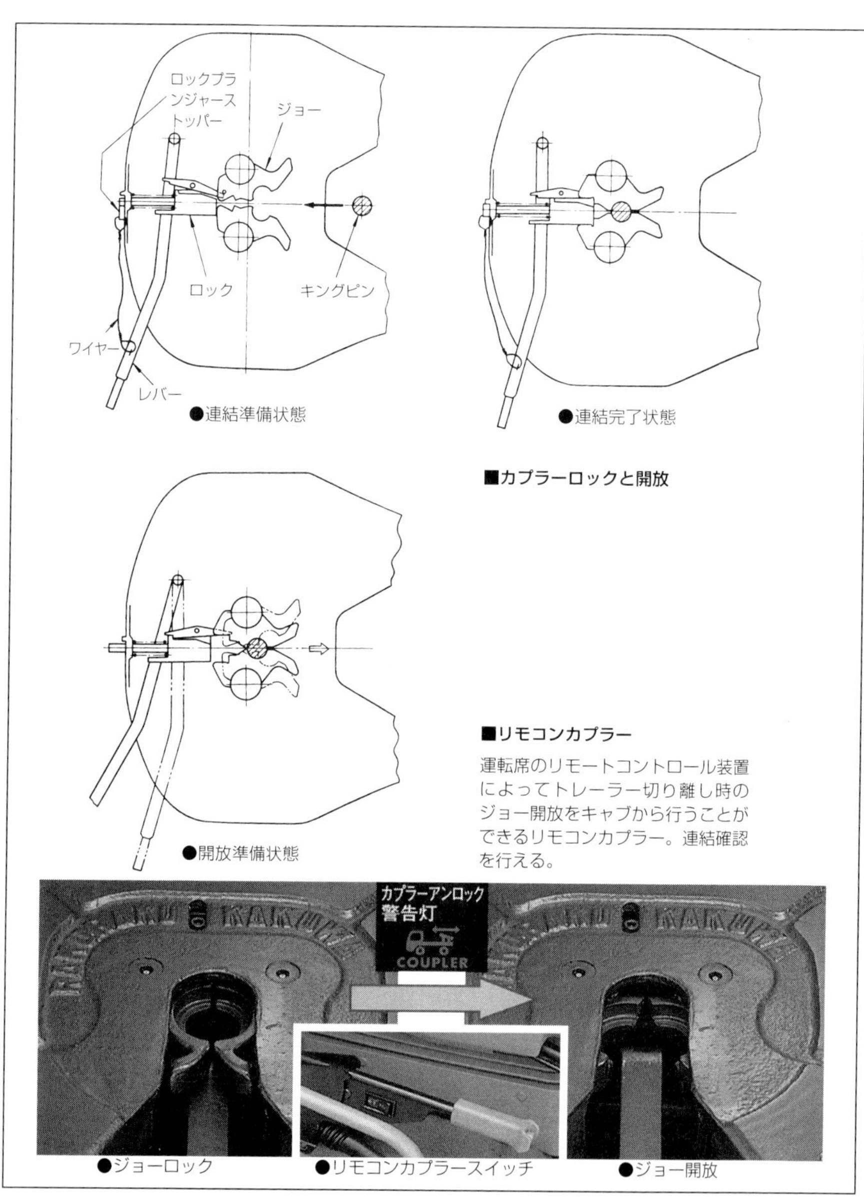

■カプラーロックと開放

■リモコンカプラー

運転席のリモートコントロール装置によってトレーラー切り離し時のジョー開放をキャブから行うことができるリモコンカプラー。連結確認を行える。

●ジョーロック　●リモコンカプラースイッチ　●ジョー開放

クプランジャーが移動できないようになり、ジョーが完全にロックされる。

最近では、ジョーが確実にキングピンを固定しているかを検出するために、センサー類を備えたカプラーもあり、異常発生時にはパイロットランプや警報ブザーなどで警告してくれる。また、手動ではなく空気圧などで操作できるようにしているものもある。

ジョーにロックされるキングピンは、第5輪カップリングとも呼ばれ、トレーラー前方の床下に取り付けられる。けん引時の荷重のほか、勾配走行時の荷重、旋回走行時の横荷重、連結や分離、制動時のショックなどが加わる部分であるため、充分な強度と耐摩耗性が要求される。軽量級トレーラーでは炭素鋼が用いられることもあるが、大型では特殊鋼が使われる。

高速用トレーラーの1軸式カプラーに使用されるキングピンはすべて2インチ径で、重量用トレーラーの2軸式カプラーでは2インチ径と3.5インチ径の2種類がある。JISでは2インチ径のものを「呼び50カップリングピン」、3.5インチ径のものを「呼び90カップリングピン」と扱う。大部分が溶接で固定されているが、キングピンの根元のフランジをトレーラーにボルト締めにしたり、キングピンの頭部をナット締めにすることもある。

トレーラーの床の裏面が全面平面であれば、低速旋回時であればキングピンを中心にトレーラーが回転しても、トラクターの後部に接触することはない。しかし、積載

■キングピン

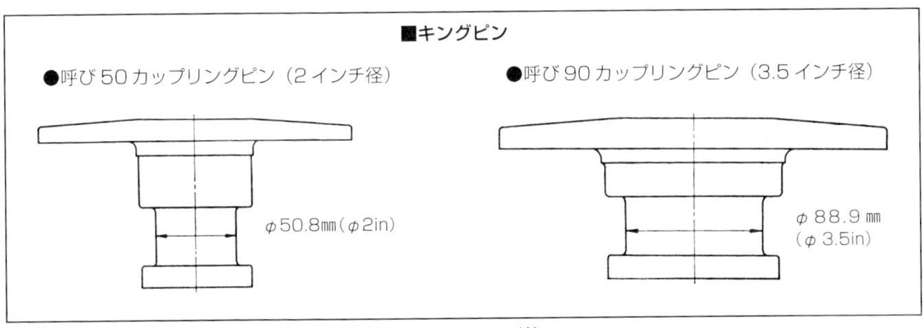

■グースネック形状

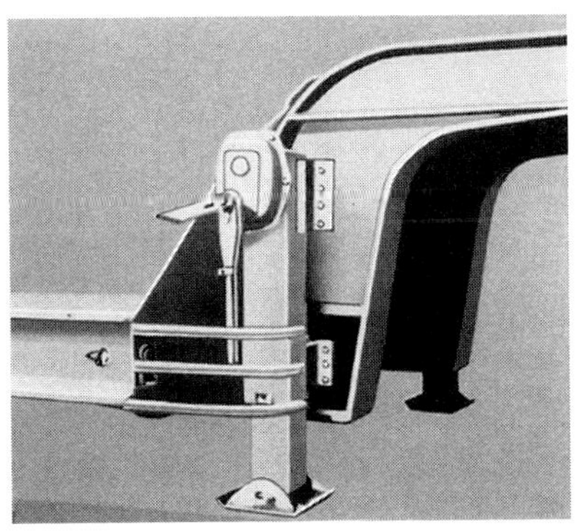

●角型グースネック

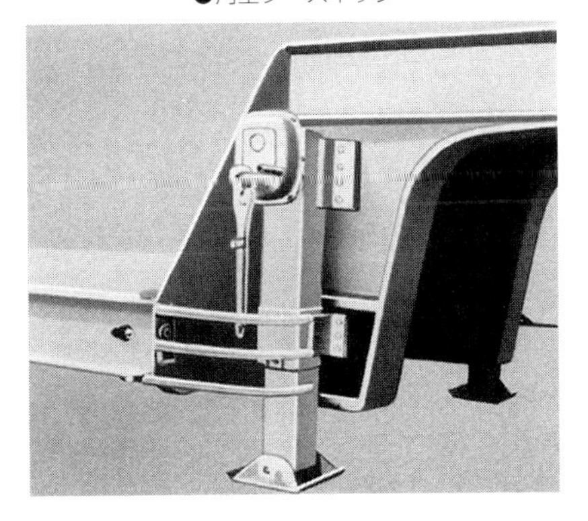

容量を増大する目的などでトレーラーが低床にされていて、床面がカプラーより低い位置になっている場合は、前方に向かってトレーラーのシャシーフレームがせり上がっていくような形状とされている。バン型トレーラーなどでは床面がえぐられたような形状になる。このえぐられた部分の形状をグースネック形状と呼ぶ。重量用トレーラーなどでは、この部分の上に架装などがまったくなく、その形状がよく分かる。この部分をグースネックやスワンネックと呼ぶこともある。

また、トレーラーの床の裏面が全面平面であっても、実際の走行中にはトレーラーのローリングがあるため、トレーラーの床の裏面がトラクターに触れやすくなる。こうしたローリングも考慮に入れて、トレーラーの床の構造は決定される。

バン型トレーラーなどで、積載容量を可能な限り大きくするためには、えぐる範囲を最小限にし、グースネックにも無駄をなくしたいが、あまりに小さくしてしまうと、キングピンを中心にして回転した際に、トレーラーの床面がトラクターの後端に接触してしまう。このえぐられる範囲は、カプラーを中心としたトラクターの裾まわり半径で決定される。

積載容量を増やすためには、キングピンより前方のトレーラーを可能な限り長くしたいが、あまり長くするとキングピンを中心に回転が起こった際にトラクターのキャブとトレーラーの前端が触れてしまう。この長さはトレーラーのカプラーを中心とした前回り半径で決定される。

これらの前回り半径を含め、セミトラクターとトレーラーの互換性を確保するために、JISには各種のサイズや形状、動作範囲などが定められている。最大積載状態と連結しない状態双方でのセミトラクターのカプラーの高さや、ピッチング角度、側方傾斜角度、グースネック形状、可動範囲などが定められている。ただし、このJIS規格はISO規格をベースに1998年に作成されたもので、当面は適用が困難な部分に関しては、日本独自の内容も定められていて、移行期間の対応として適用されている。

たとえば、カプラー地上高は最大積載時で1200㎜（＋100～－50）の範囲と定めら

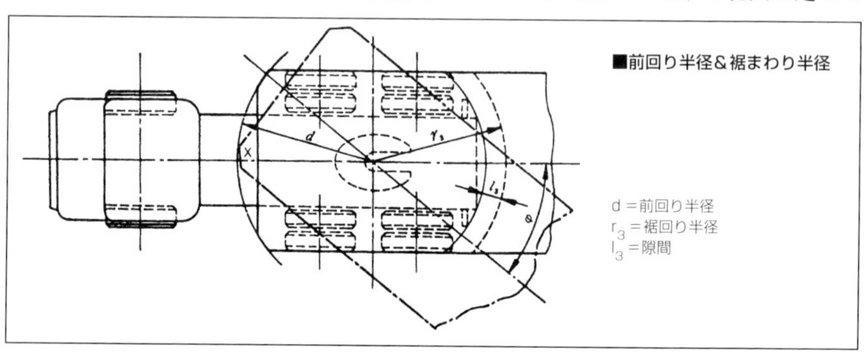

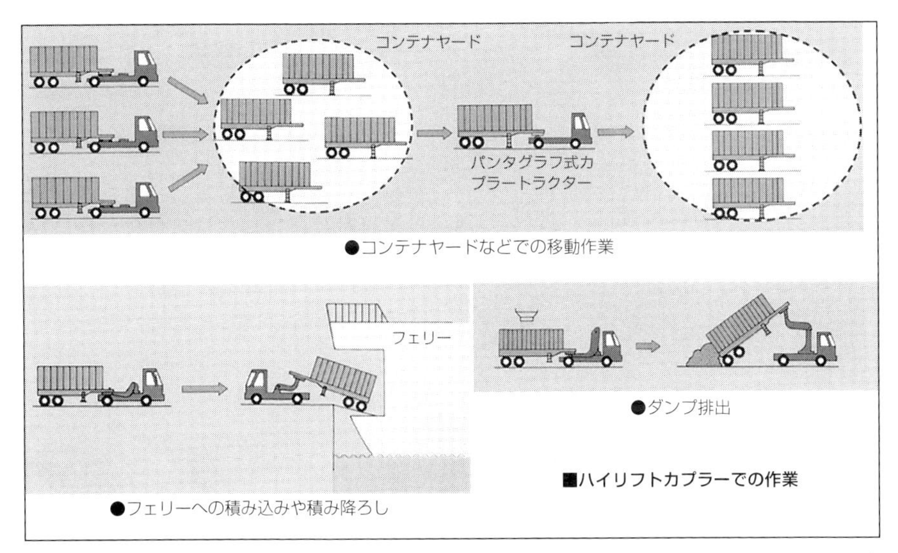

れている。ただし、これはあくまでも規格であって、必ずしも従う必要はない。現時点では低床トラクターはこれに準じてはいない。低床トラクターと低床トレーラーが実際に組み合わせ可能であれば、使用することができる。

このほか、コンテナヤードなどで使用されるヤードトラクターには、リフト式カプラーが備えられることがある。空気圧や油圧によってカプラーの高さをかえられるもので、パンタグラフ式のリンク機構が伸縮シリンダーで伸ばされたり、アームが起伏シリンダーで持ち上げられたりする。リフト量は1m以下のものが一般的で、ヤード内で頻繁に繰り返されるトレーラーの脱着を容易にすることができる。カプラーが上下動するためパンタグラフカプラーと呼ばれることもある。

さらに高いリフト量を備えたハイリフトカプラーもある。アームの起伏に加えて、屈折アームなどのリンク機構によって、4～7m程度のリフトを実現している。こうした高いリフト量によって、荷台をダンプさせることができ、コンテナ内のバラ積み物の排出に利用される。また、フェリーへの積み込みや積み降ろしに際しては、潮位の変化によって陸地と船の高さが揃わず傾斜面を走行しなければならないこともある。この場合、多少のリフト量では、傾斜面から水平面にかわる部分でランディングギアが引っかかってしまい、いちいちランディングギアを巻き上げなければならないが、ハイリフトカプラータイプのトラクターならば、リフト量を増やすことで通過することができる。通常、リフトカプラーやハイリフトカプラーを備えたトラクターは、ヤード内など限られた場所で使用されるので、車検は必要ないが、登録すれば公道を走行できるものも多い。

■リフトカプラー・ヤードトラクター

新明和工業のミドルリフトタイプトラクター。カプラー最大1530㎜までリフトさせることができる。

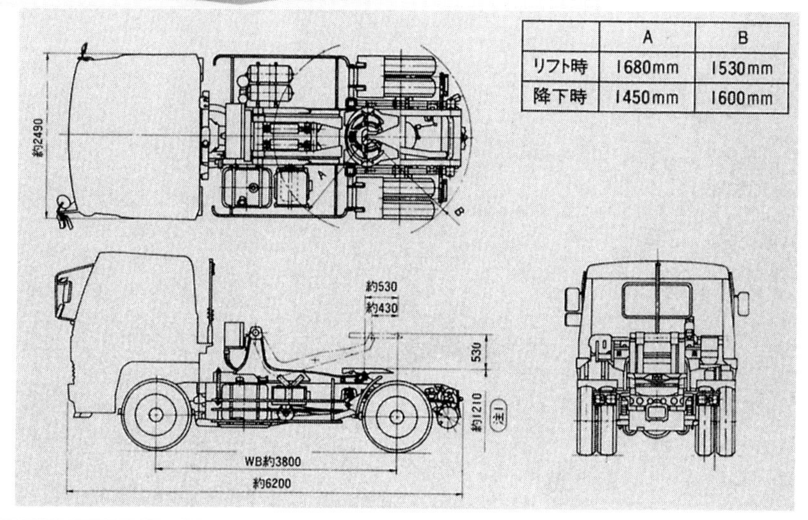

	A	B
リフト時	1680mm	1530mm
降下時	1450mm	1600mm

●フルトレーラー式の連結装置

フルトラクターの連結装置は、けん引フックであり、ピントルフック式とベルマウス式に分類される。ピントルフック式が主流になっているため、けん引フックの総称としてピントルフックの名称が使われることもある。ポールトラクターでも同様のけん引フックが使用される。

ピントルフック式には、シンプルな構造のものから、スプリングを備えたタイプ、エアチャンバーを備えたタイプがある。いずれもラッチと呼ばれる抑え金を上方に開いたうえでルネットアイをフック部にかけ、ラッチを戻しロックピンを通して固定する。二重安全のために、このロックピンにはさらに割りピンが使用され、抜けないように

■ハイリフトカプラー・ヤードトラクター

新明和工業のハイリフトタイプトラクター。カプラー最大5060㎜までリフトさせることができる。ダンプ排出などさまざまな用途に使用できる。

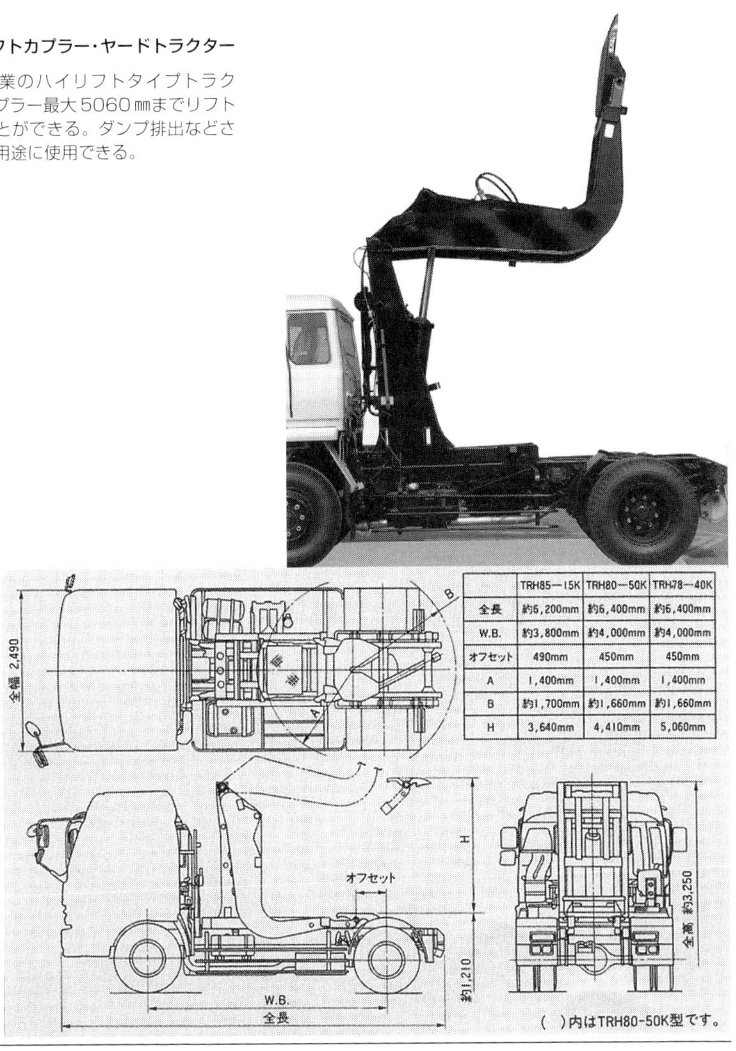

	TRH85—15K	TRH80—50K	TRH78—40K
全長	約6,200mm	約6,400mm	約6,400mm
W.B.	約3,800mm	約4,000mm	約4,000mm
オフセット	490mm	450mm	450mm
A	1,400mm	1,400mm	1,400mm
B	約1,700mm	約1,660mm	約1,660mm
H	3,640mm	4,410mm	5,060mm

固定される。

もっともシンプルなピントルフックは、構造が簡単で堅牢だが、フックとルネットアイの間に生じるガタを吸収する機能がないため、走行時にショックが出てしまい乗り心地が悪くなる。そのため大型のトラクターで採用されることはほとんどなく、欧米でもダブルストレーラーの中央のトレーラーの後端に使用される程度だ。

スプリングを備えたピントルフックは、ひと昔前までは主流だったが、現在ではあ

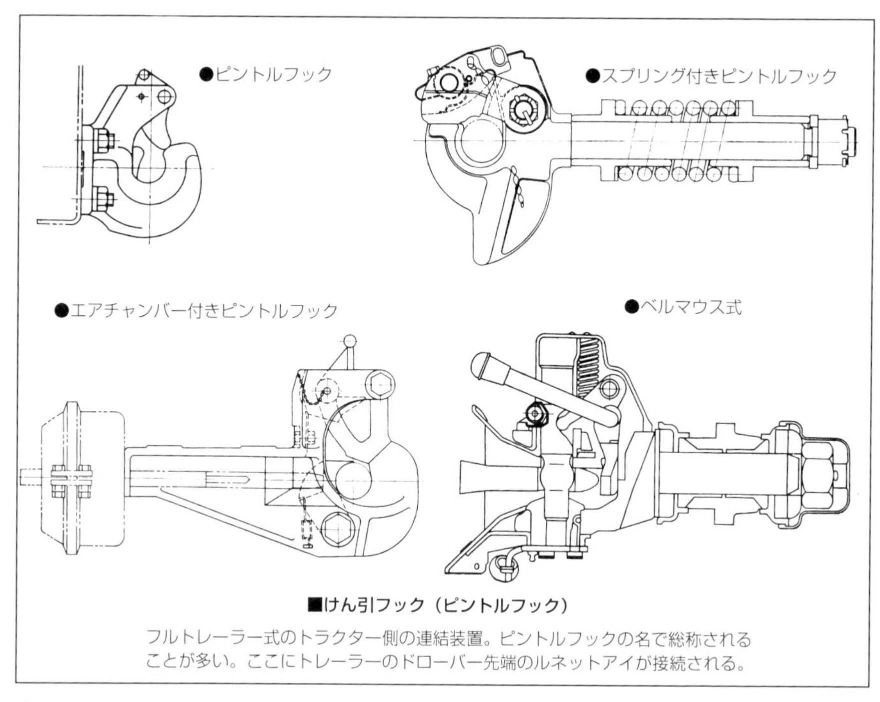

■けん引フック（ピントルフック）

フルトレーラー式のトラクター側の連結装置。ピントルフックの名で総称されることが多い。ここにトレーラーのドローバー先端のルネットアイが接続される。

まり使用されておらず、ポールトレーラーの一部で使用されている程度だ。スプリングによってショックを吸収するので、ある程度は乗り心地が改善されるが、フックとルネットアイのガタを解消するメカニズムは備えていないため、万全のものとはいえない。

現在日本で主流になっているのがエアチャンバーを備えたタイプで、ショックレスタイプと呼ばれることが多い。エアチャンバーが衝撃を吸収すると同時に、フックとルネットアイの初期クリアランスや長期使用後の摩耗によるクリアランス増大も、常にエアチャンバーのプッシュロッドが後方に押し付けて解消してくれる。乗り心地が向上するばかりか、ルネットアイの摩耗も軽減される。

連結作業時には、トレーラーのルネットアイを持ち上げて、トラクターのフックにかけたうえで、セイフティロッドを倒し、ストッパーをかける。そのうえでエアバルブを開にすれば、エマージェンシーブレーキラインから空気圧の供給を受けて、プッシュロッドがホルダーを押し、ルネットアイを確実にロックする。分離作業時には、バルブを開いたうえでエアチャンバーの空気圧を開放すれば、ホルダーは自由に動くようになる。この状態でストッパーを押しながらセイフティロックを回転させれば、ルネットアイを持ち上げて外すことができる。

フィッシュマウス式とも呼ばれることがあるベルマウス式は、その名の通りベルのような形をした受け口があり、この部分に沿ってルネットアイを入れたうえで、中央部に球面状のふくらみを備えたバーで固定する。ガイドを備えているので連結作業がやりやすいというメリットがあり、ヨーロッパでは多用されているが、日本ではほとんど使われていない。

こうしたけん引フックがフルトラクターのフレーム後端にボルト締めされている。この位置はJISで定められているが、そのほかルネットアイの回転角度やピッチ角度、ロール角度もJISで定められている。

フルトレーラー側の連結装置は、ドーリーに装備されている。ドーリーは、英和辞典などでは「小輪トロッコ」などと翻訳されているが、最適な日本語がないため通常は英語名のまま呼ばれている。JISでも「ドーリ」として定義されている。ドーリーは、フルトレーラーの前輪部分であり、シャシーフレームにサスペンションを介して車軸が取り付けられている。

専用のフルトレーラーの場合、ドーリーは固定式でトレーラーの前方の床下に接続されている。これをドーリー非分離式フルトレーラーと呼ぶ。セミトレーラーをフルトレーラーとして使用する際に組み合わされるドーリーはコンバータードーリーと呼ばれ、必要に応じて脱着することができる。ドーリー分離式フルトレーラーということになり、フルセミ型と呼ばれることもある。

コンバータードーリーの場合、ドーリーのシャシーフレームとドローバーは一体で、ドローバーの先端にルネットアイが備えられている。このため、バーとはいっても1本の棒状ではなく、上から見ると三角形の構造をしたフレームがドローバーとされていることが多い。ドローバーは固定されているため、リジットタン式と呼ばれることもある。フレーム上には、セミトラクターに使用されるものと同じ第5輪カプラーが装備されている。

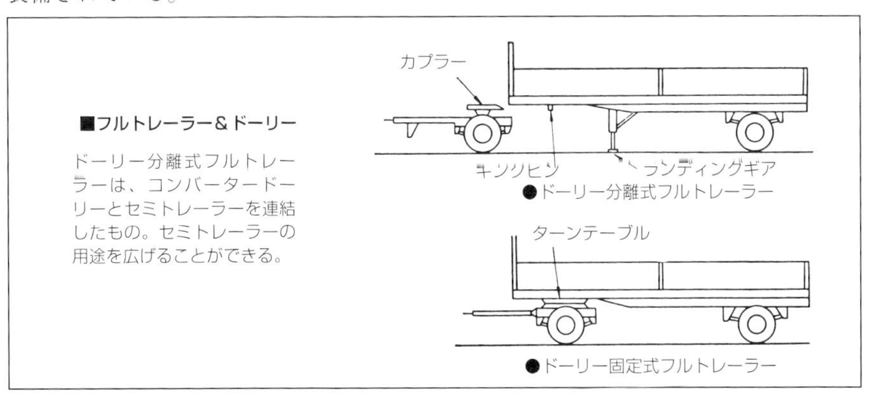

■フルトレーラー＆ドーリー

ドーリー分離式フルトレーラーは、コンバータードーリーとセミトレーラーを連結したもの。セミトレーラーの用途を広げることができる。

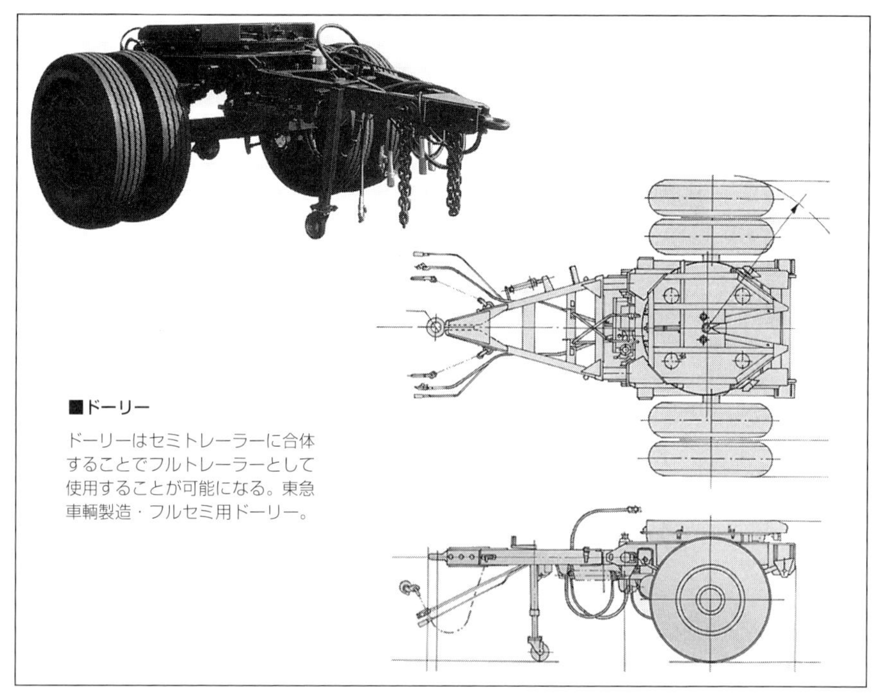

■ドーリー

ドーリーはセミトレーラーに合体することでフルトレーラーとして使用することが可能になる。東急車輌製造・フルセミ用ドーリー。

固定式ドーリーの場合、ドーリーのシャシーフレーム上には第5輪カプラーのかわりにターンテーブルが備えられている。旋回輪とも呼ばれるターンテーブルには、2枚の円板の中央をキングピンで接続した摺動式ターンテーブルと、2枚の円板の間にボールベアリングが入る円形の溝を設けて回転できるようにしたボールレース式ターンテーブルとがある。いずれの場合も、トレーラーの荷重を支持しながら円滑に回転し、しかもけん引力や制動力を充分に伝達し、ショックにも耐えなければならないので、充分な強度や耐摩耗性が要求される。

コンバータードーリーの場合は、カプラーがトレーラーのピッチングを吸収するこ

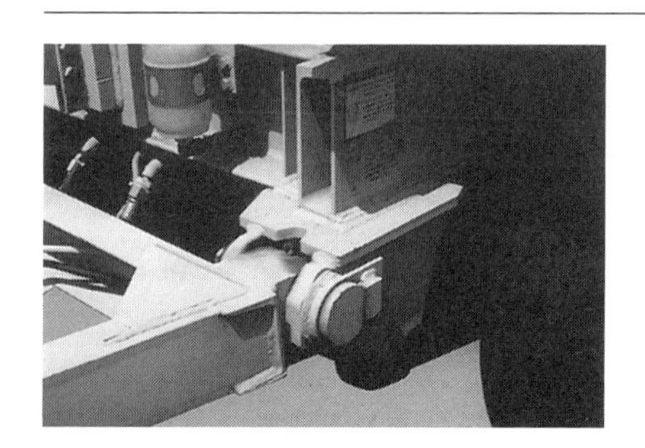

■ヒンジドタン式ドローバー

ドローバーが上下に首振りできるようにドローバーピンで接続されている。

●ドローバースタンド

●ドローバー昇降装置（スプリング式）

■ドローバーの支え
ピッチング可能なドローバーは、ドーリー単体の状態では先端が下がって地面についてしまうため、支えが必要になる。

とができるが、固定式ドーリーのターンテーブルでは吸収することができない。そのため、ドローバーとドーリーのシャシーフレームはピンを介して取り付けられる。このピンを中心にしてドローバーは首振り運動を行うことができる。この方式を、コンバータードーリーのリジッドタン式に対して、ヒンジドタン式と呼ぶ。

■ルネットアイ
ドローバーの先端に備えられているのがルネットアイで、これがトラクター側のけん引フックに接続される。サイズ等がJISで定められている。

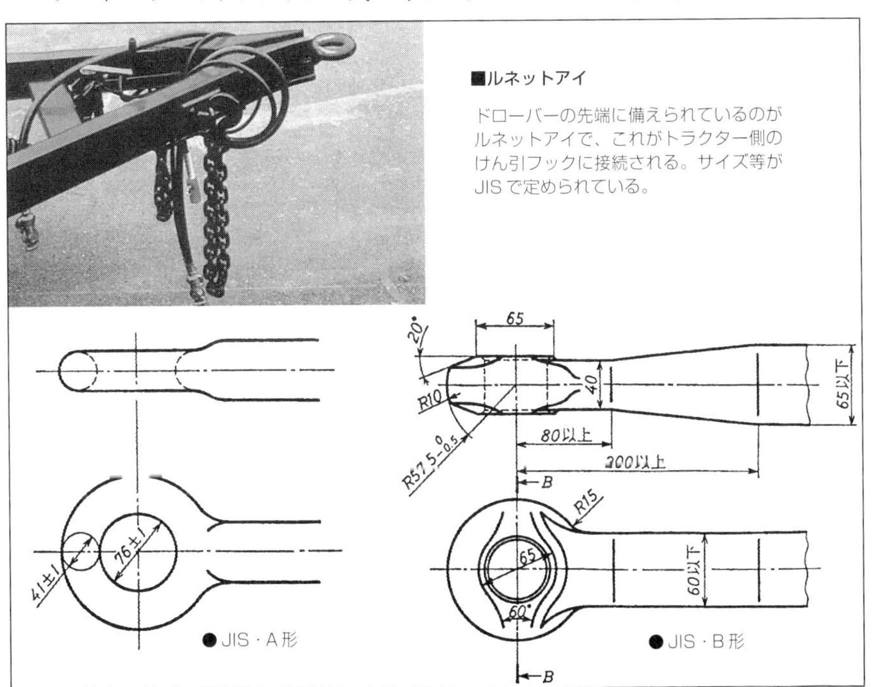

●JIS・A形
●JIS・B形

トラクターと切り離された状態では、このドローバーの先端が下に下がってしまうことになる。そのため、ドローバーを支える脚としてドローバースタンドが用意されていたり、スプリングによってドローバーを支えていることもある。

けん引フックに連結されるルネットアイは、ドローバーアイとも呼ばれ、ドローバーの先端に取り付けられている。日本語にすれば連結環だが、ほとんどの場合は英語名で呼ばれる。長期間の使用で摩耗することがあるため、一般的には鍛造され熱処理加工で耐摩耗性が高められている。けん引フック同様に、サイズや取り付け位置はJISによって定められている。

また、セミトレーラー式では関節点が1点だが、フルトレーラー式では関節点が2点になり、それだけジャックナイフ現象を起こしやすい。このため日本のフルトレーラーの連結装置にはジャックナイフ防止装置が装備されている。ジャックナイフ防止装置は、ドーリーのシャシーフレームとトレーラー本体側のシャシーフレームの相対運動をブレーキで固定するもので、各種方式が開発されたが、現在ではディスクブレーキ式が一般的だ。

ディスクブレーキの駆動はエアチャンバーによって行われている。一般的なシステムでは、トラクターが後退を始めるとエアチャンバーに空気圧が供給されジャックナ

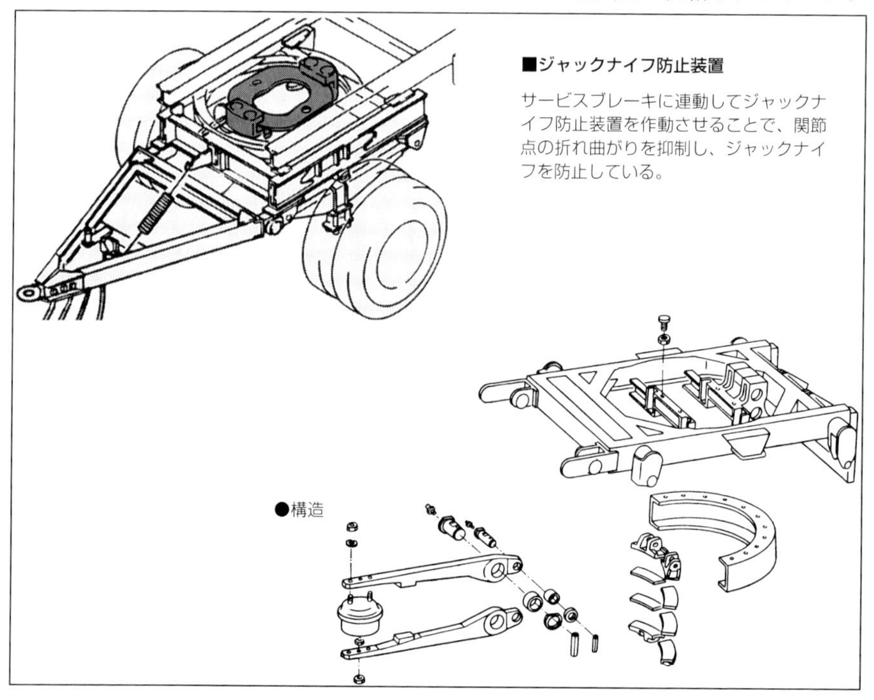

■ジャックナイフ防止装置

サービスブレーキに連動してジャックナイフ防止装置を作動させることで、関節点の折れ曲がりを抑制し、ジャックナイフを防止している。

イフ防止装置が作動する。トレーラーのメーカーによっては、前進時にも常用ブレーキに一定以上の圧力がかかると作動する圧力スイッチを設け、急制動時にもジャックナイフ防止装置を作動させている。

●ポールトレーラー式の連結装置

ポールトラクターは、平ボディのフルトレーラーに相当し、シャシーフレーム上にターンテーブルとボルスターが備えられている。ここに積荷が固定され、ターンテーブルを中心に回転できるようにされている。トラクター後部にはフルトラクター同様のけん引フックが装備される。

ポールトレーラーは、形状としてはドーリーに似たもので、実際ドーリーと呼ばれることもある。車軸は2軸のものが一般的で、1軸や3軸のものもある。ポールトレーラーのシャシーフレーム上にはターンテーブルボルスターが設けられ、ここで積荷を受け止める。固定された積荷は、ターンテーブルを中心に回転することができる。

ポールトレーラーのなかには、ドローバーを備えず純粋に積荷だけでトラクターと連結するものもあるが、一般的にはドローバーが備えられている。ドローバーには固定式のものと伸縮式のものがあり、固定式のものは空車時にトラクターがトレーラーをけん引する際に使用するもので、積載時には地面に触れないように積荷にドローバー先端が固定される。伸縮式のドローバーはけん引というよりも操舵の役割を果たしているので、ステアリングドローバーと呼ばれることが多い。ステアリングドローバーには、連結状態の内輪差を小さくしてくれ、通行可能道幅を狭める効果がある。なお、まったくドローバーを備えていないポールトレーラーの場合、空車時にはトレー

■ポールトレーラーの車軸数

ポールトレーラーの車軸は1～3軸があるが、2軸のものが一般的。重量級の積荷の場合には3軸のものが使われることもある。2軸と3軸のポールトレーラーには、ステアリング可能なものもある。

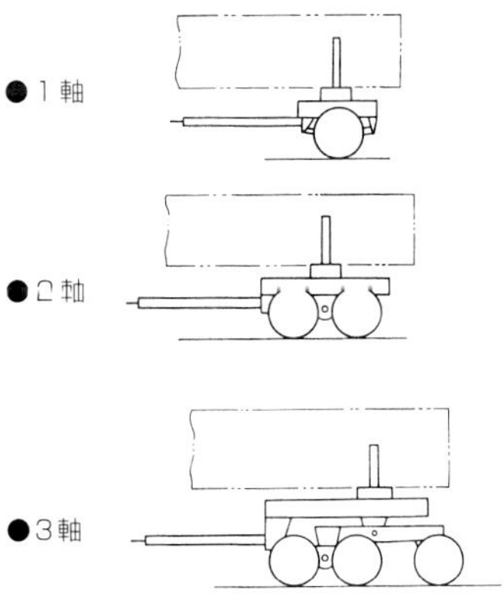

●1軸

●2軸

●3軸

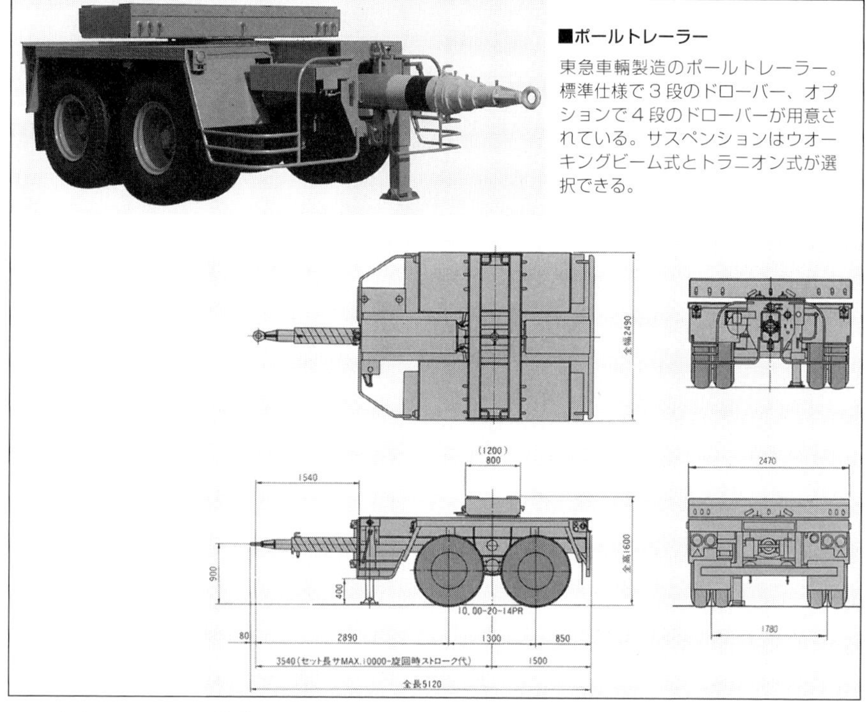

■ポールトレーラー

東急車輛製造のポールトレーラー。標準仕様で3段のドローバー、オプションで4段のドローバーが用意されている。サスペンションはウオーキングビーム式とトラニオン式が選択できる。

ラーがトラクターに積載された状態で運搬される。

ステアリングドローバーのないポールトレーラーの場合､旋回時にもトレーラーは直進状態と同様に積荷と同じ方向を向いている。積荷が長ければ長いほど､内輪差はどんどん大きくなっていく。ドローバーを備えている場合には､たとえばトラクターが左に曲がろうとすると､ターンテーブルを支点として連結車両が折れ曲がることになる。この時､ターンテーブルのほうがルネットアイより前方にあるため､ルネットアイは積荷より旋回の外側､つまり右に出ることになる。この動きによってドローバーが引っぱられることになるが､ポールトレーラーにもターンテーブルがあるため､トレーラーは積荷に対して回転を行い､旋回の外側に向かう方向､つまり右に向かっ

■トラクターとトレーラーの連結

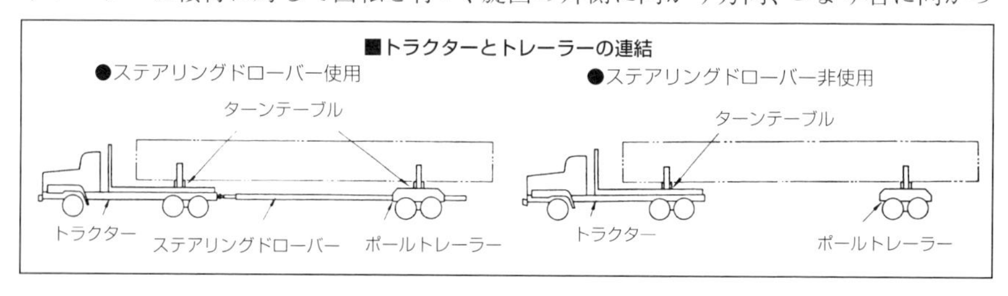

ていこうとする。これによりトラクターの操舵と、トレーラーの操舵が逆位相になり、連結状態の内輪差が小さくなる。

旋回時には、ルネットアイと、トレーラーのドローバー取り付け部分の距離が変化するため、ステアリングドローバーはロッドアンテナ状の伸縮式とされている。この伸縮によって、積荷の長さにも対応することができる。ドローバーの段数や長さはさまざまだが、たとえば東急車輛製造のものでは、標準の3段式ドローバーで最大ストロークは10m、オプション仕様の5段式のものともなると最大16mまで伸ばすことができる。なかには20mまで可能といった仕様のものもある。

ドローバーはヒンジドタン式で、トレーラーのピッチングに対応している。この部分に緩衝用のスプリングを装備し、ピッチングの衝撃を緩和しているものもある。

また、ポールトレーラーのなかには操舵可能なものもある。2軸や3軸のうち、1軸程度が操舵可能とされていて、油圧シリンダーによって方向がかえられるようにされている。操舵の操作はリモコンで行われる。これも内輪差を小さくするほか、望みの位置に積荷を移動させるために使用される。通常走行時はステアリングがロックされ

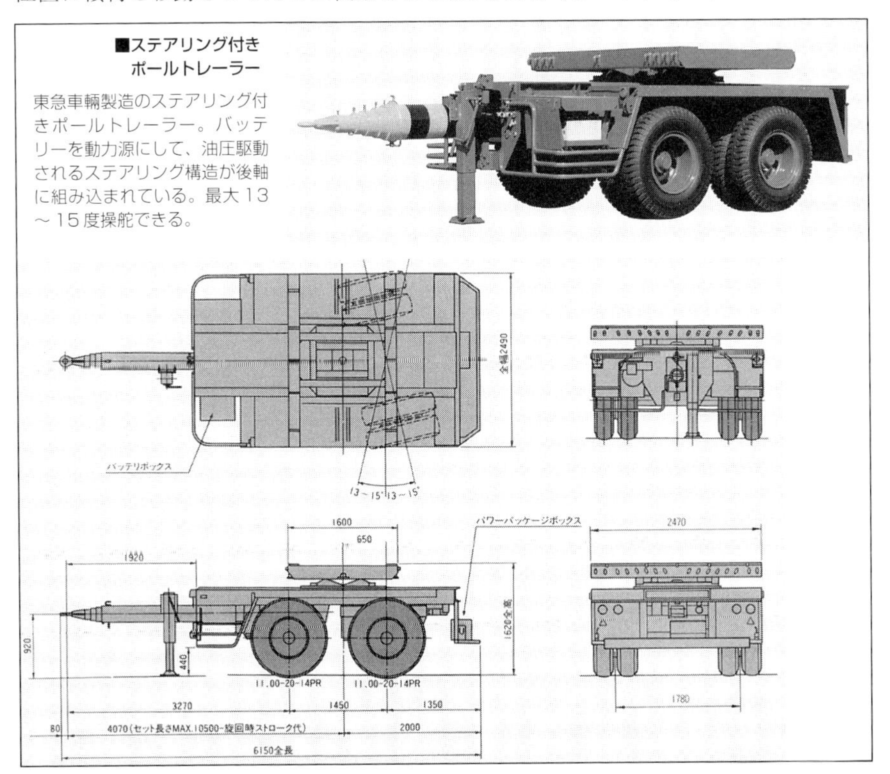

■ステアリング付きポールトレーラー

東急車輛製造のステアリング付きポールトレーラー。バッテリーを動力源にして、油圧駆動されるステアリング構造が後軸に組み込まれている。最大13～15度操舵できる。

ていて、一般的なポールトレーラーと同様に使用されるが、狭い道での旋回などを行う場合には、ステアリングドローバーを外したうえで、補助者が周囲の状況を見ながらリモコン操作によってトレーラーの操舵を行い、ドライバーはその指示を聞きながら微速走行を行うことになる。

トレーラーの構造

●トレーラー

日本でのトレーラー製造は、一般的にボディメーカーや特装メーカーと呼ばれるメーカーによって行われている。トレーラーのみを製造するメーカーはほとんどなく、トラックのボディ製造も行っているところが大半だ。1社でさまざまなトレーラーを製造しているところもあれば、トラックのボディ架装で得意な分野のトレーラーのみを製造しているところもある。

●車体形状

トレーラーは、シャシーフレーム上にそれぞれの用途に応じて積荷を積載するための荷台や荷室、また特定の性状の積荷を運搬するためのタンクやダンプといった特装系の架装が装備される。トラクターではシャシーと架装が、トラックメーカーとボディメーカーという異なったメーカーで製造されるため、完全に独立したものと考えられるが、トレーラーではボディメーカーがすべてを製造するため、シャシーと架装が独立せず、一体化した構造のものもある。

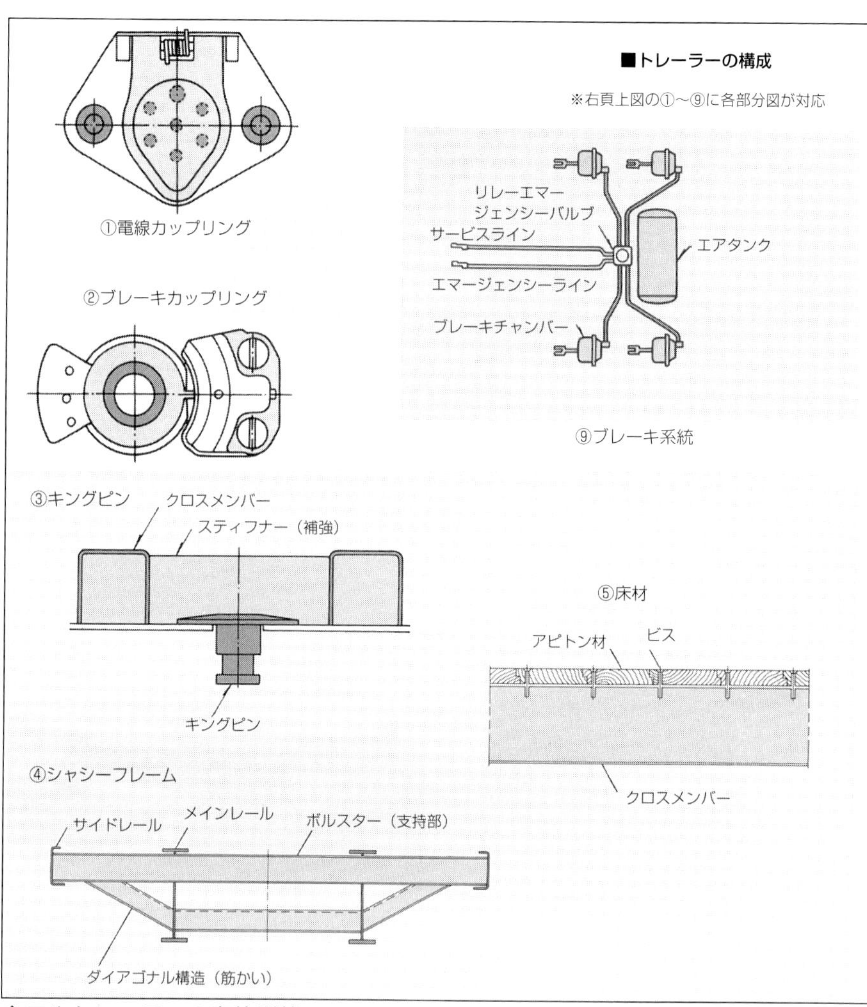

◆フルトレーラーの車体形状

フルトレーラーは、トラック同様にさまざまな架装を施すことが可能だが、大半は一般貨物を運搬するための汎用のバンボディかウイングボディ、またはアオリ付きの平ボディだ。最大積載量8トン程度のものと、最大積載量5トン程度のものがラインナップされていることが多い。一部には、タンク車(危険物は除く)、粉粒体運搬車、ダンプ車、ミキサー車、亀の子式車両運搬車、コンテナ車もあるが、数としては非常に少ない。

最近では脱着ボディシステムとフルトレーラーの組み合わせといった提案も行われ

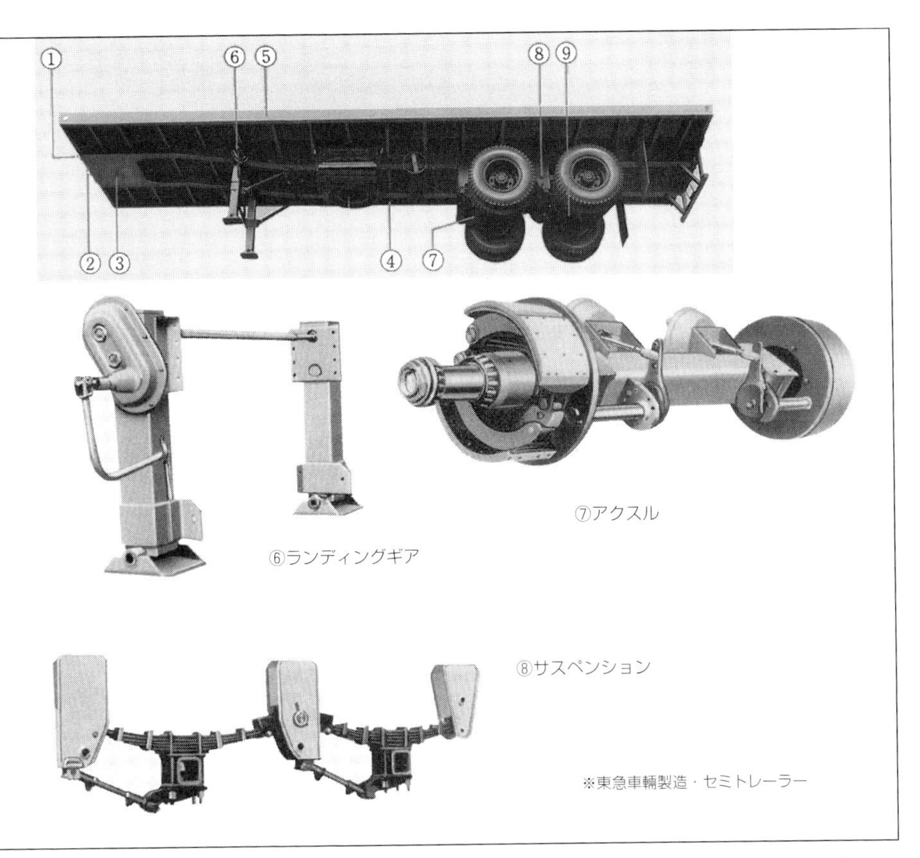

ている。フルトラクター側に脱着用のアームを備えることで、トラクターにもトレーラーにもコンテナを脱着することができる。これは一度に2個のコンテナを運ぶことが可能で、必要に応じて1個だけを積み替えたりすることができる。トラクター&トレーラーとしての必要に応じて連結・切り離しできるというメリットに加えて、脱着ボディシステムの脱着可能というメリットもあるので、効率をさらに高めることができる(図は105ページ)。

◆高速用セミトレーラーの車体形状

セミトレーラーの場合は、高速用セミトラクターに対応したトレーラーと、重量用セミトラクターに対応したトレーラーとがある。高速用セミトラクターに対応したものでは、一般貨物用のボディがもっとも一般的だ。バンボディやアオリ付き平ボディもあるが、一般貨物用ではウイングボディが採用されることが多い。平成10年度の実績(日本自動車車体工業会統計)では、冷凍車も含む全バンボディセミトレーラー生産

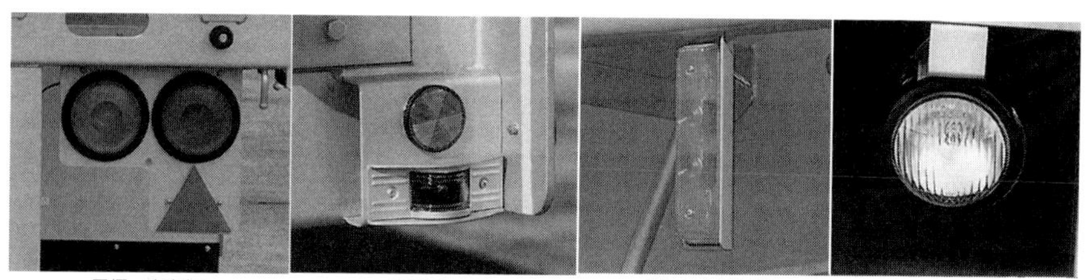

尾灯・方向灯　車幅灯　側面方向指示器　後退灯

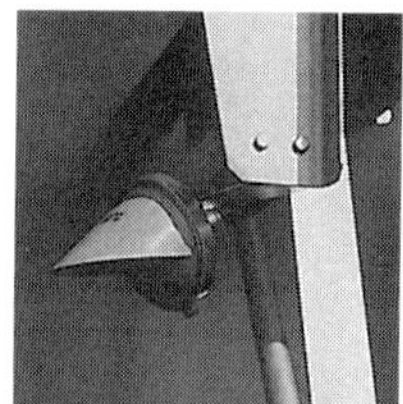

路肩灯

サイドランプ

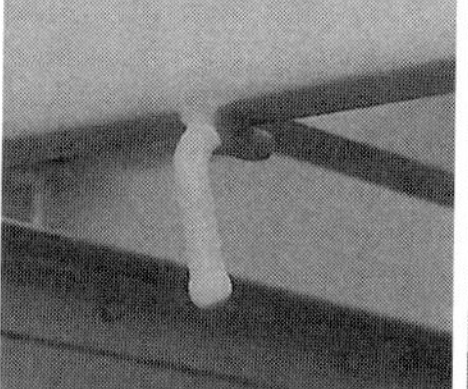

ロープフック

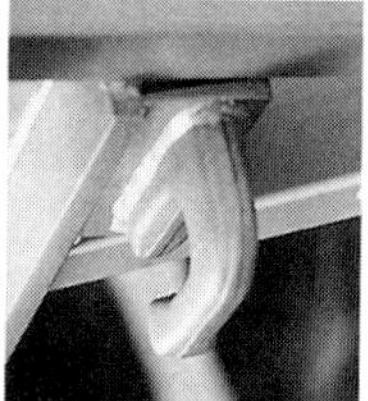

けん引フック

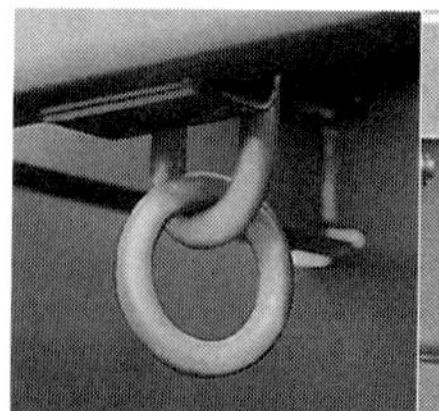

フェリー用リング

ステップ穴

ステップ

車検証入れ

工具箱

サイドガード

物入れ兼サイドガード

スペアタイヤキャリア

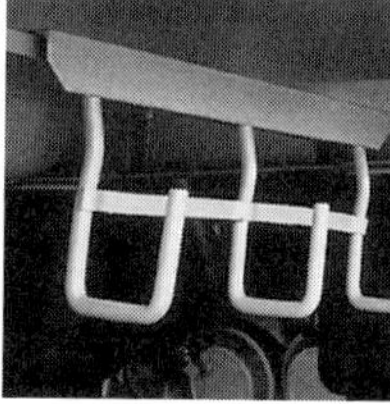

チェーン掛け

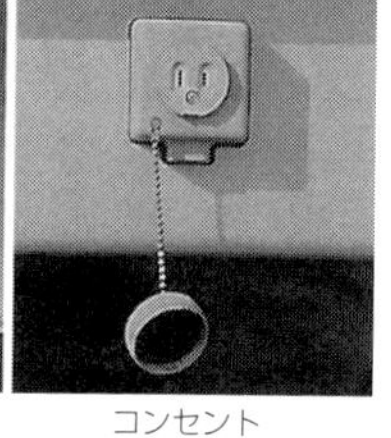

コンセント

■トレーラーの艤装

トレーラーのボディには、保安基準上必要な灯火類などの各種装備や、ガード類、フック類も艤装として施されている。

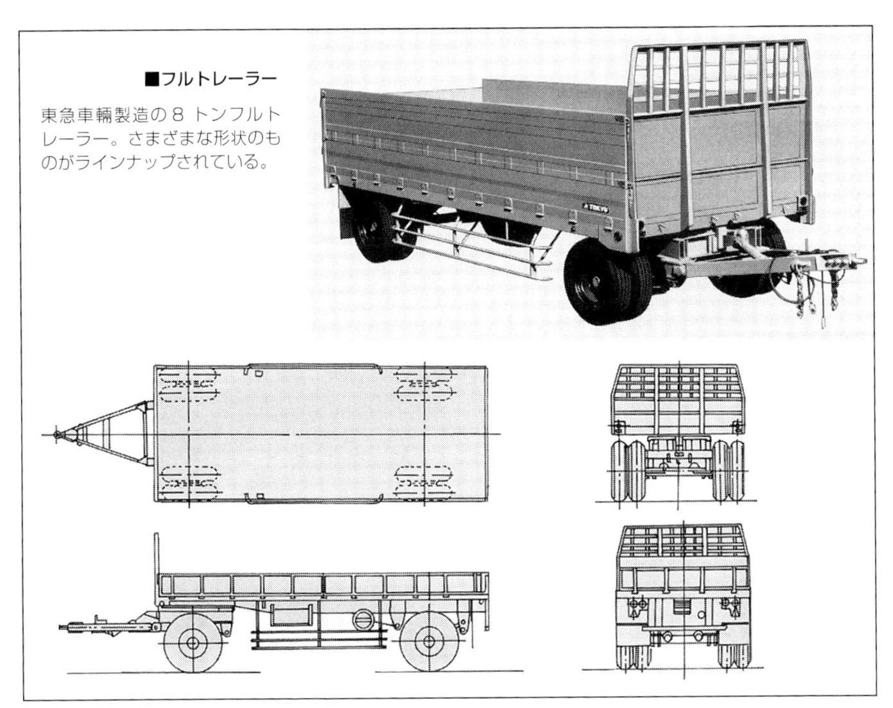

■フルトレーラー

東急車輌製造の８トンフルトレーラー。さまざまな形状のものがラインナップされている。

891台のうち、約83％がウイングボディを採用している。

バンボディの場合、側面にドアがあったとしても小さなものがほとんどで、基本的には後方から荷役を行わなければならない。フォークリフトを使用した荷役の場合、後方から積み込んだ荷物を、荷室前方まで移動する手間が発生してしまう。また、何カ所かに配送する場合、必ず降ろす順に積み込んでおかなければならない。ところがウイングボディであれば側面から荷役を行うことができるため、効率よく荷役を行え、さらに荷室前方に積んだ荷物を先に降ろしたりすることも可能だ。そのため、単車のトラックでも特に大型車ではバンボディからウイングボディへの移行が進んでいるが、さらに荷室が大きなトレーラーではウイングボディが主流となっている。

また、バンボディやウイングボディのバリエーションともいえる冷凍トレーラーもある。冷凍トレーラーは外観上はバントレーラーやウイングトレーラーとあまり差がないが、車両前方に冷凍機のユニットを備えていることがほとんど。単車のトラックの冷凍車であれば、冷凍機を作動させる電力を常にトラックから得ることができるが、冷凍トレーラーの場合には、発電能力を備えているトラクターから切り離されることもある。実際、冷凍トレーラーを効率よく使用するために、単体のトレーラーに先に荷物を積み込んでおき、ほかの冷凍トレーラーを連結したトラクターの到着を待ち、先

●バンボディ

●ウイングボディ

●アオリ付き平ボディ

に荷物を積み込んでおいたトレーラーと付け替え、ただちに出発といった使い方もされる。

そのため、冷凍トレーラーでは冷凍機に加えて、小型のディーゼルエンジンと発電機が必要になる。単車のトラックの冷凍車では、冷凍機がシャシーフレーム下に配されることもあるが、冷凍トレーラーの場合には冷凍機のユニットが全体として大きくなるため、車両前方に配置されることがほとんど。

また、アオリのない単なる平ボディもあり、さまざまな貨物やある程度の重量物に

■フルトレーラーのバリエーション

※すべて東急車輛製造

●タンク車

●粉粒体運搬車

●コンテナ積載手順

①No.1 コンテナをキャリア車（アームロール）に搭載

アーム
ロール

No.1

④コンテナを積載したトレーラーをいったんキャリア車から切り離す

②コンテナを積み替えるためにトレーラーを逆方向に連結

No.1

No.1

⑤No.2 コンテナをキャリア車に搭載

No.2

③キャリア車からトレーラー側にコンテナを積み替える

⑥トレーラーを連結

■フルトレーラー＋脱着ボディシステム

新明和工業のアームロールフルトレーラー。5トンタイプと10トンタイプがラインナップされている。フルトレーラーの連結・切り離しのメリットに脱着ボディシステムのメリットが加わる。

■高速用セミトレーラー（一般貨物）

※東急車輛製造

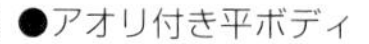

●アオリ付き平ボディ

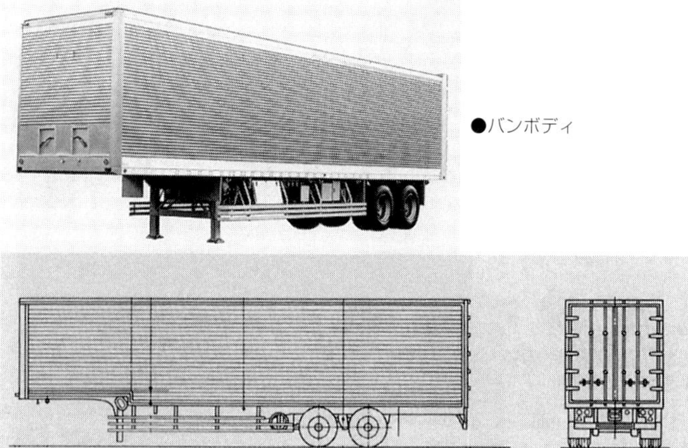

●バンボディ

も対応できるようにされているものもある。コンテナ緊締装置を備えたコンテナ車のように、特定の貨物に対応した構造のものもある。

これらのボディではトラック同様に積載容量を増やすために、小径の車輪を使用したりして床面を低くした低床式のものもある。海外では、低床式は一般的ではないが、積載量増大の目的で小径の車輪を使用して床面全体を傾斜させたテーパーフロアやウエッジドバンと呼ばれるトレーラーも作られている。

このほか、セミトレーラーにはタンク車やダンプ車、車両運搬車、粉粒体運搬車などがある。タンク車はタンクトレーラーと呼ばれ、トラックでいえばタンクローリーに相当するもので、液体の運搬に使用される。

■ウイングトレーラー

ウイングを閉じた走行状態ではバンボディと見分けにくいが、箱型のトレーラーのうち、かなりの数がウイングトレーラーとされている。東急車輛製造・3軸スーパーシングルウイングトレーラー（低床トラクター対応）。

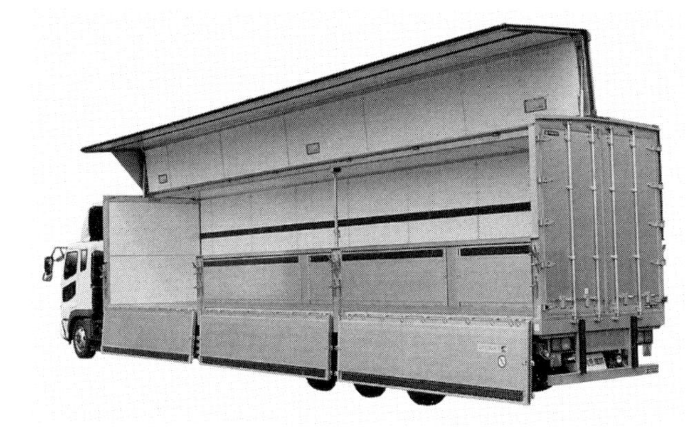

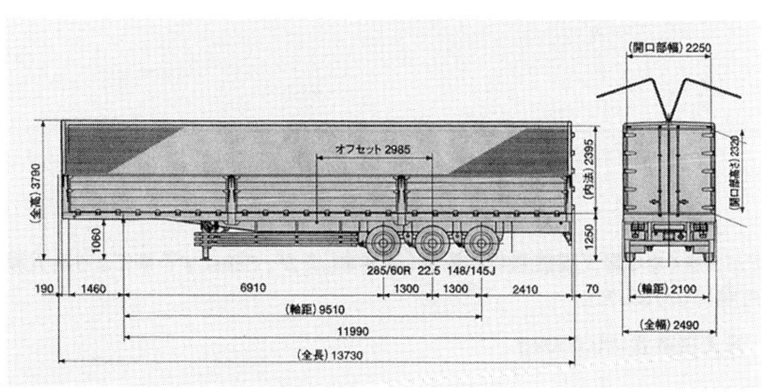

ダンプ車はダンプトレーラーと呼ばれ、ダンプトラックのトレーラー版といえるものだ。ただし、従来は運輸省の通達によって土砂運搬用のトレーラーは認められておらず、いわゆる土砂禁ダンプしかトレーラーを作ることができなかったが、1999年に通達が改められ、過積載防止装置や飛散防止装置などの要件を満たせば、土砂用のダンプトレーラーも使用できることになった。

■冷凍トレーラーと バントレーラー

冷凍トレーラーとバントレーラーでは外観上の違いはほとんどない。特にトラクターに連結された状態では見分けにくいが、冷凍トレーラーの場合にはトレーラー最前部に冷凍ユニットを備えている。

●冷凍トレーラー

●バントレーラー

※日本フルハーフ・バントレーラーシリーズ

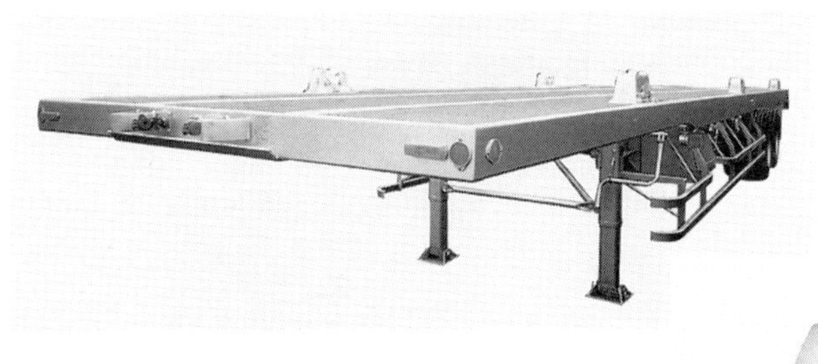

■コンテナ用トレーラー

一見したところ平床のトレーラーだが、フロア上にコンテナ緊締装置が備えられている。

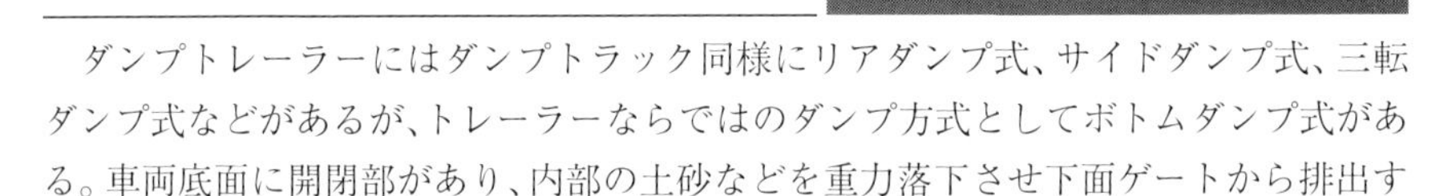

●コンテナ緊締装置

※日本フルハーフ・JR コンテナ積載トレーラー

ダンプトレーラーにはダンプトラック同様にリアダンプ式、サイドダンプ式、三転ダンプ式などがあるが、トレーラーならではのダンプ方式としてボトムダンプ式がある。車両底面に開閉部があり、内部の土砂などを重力落下させ下面ゲートから排出す

■ウエッジドバントレーラー

床面が傾斜していて車両前方から後方に向かうほど低くなっている。

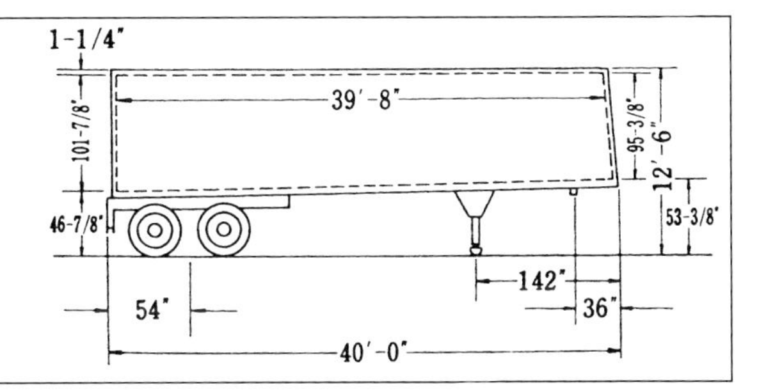

■タンクトレーラー

一般的には石油類を運ぶタンクトレーラーが多いが、食品や薬品、液状の各種原料を運搬するタンクトレーラーもある。

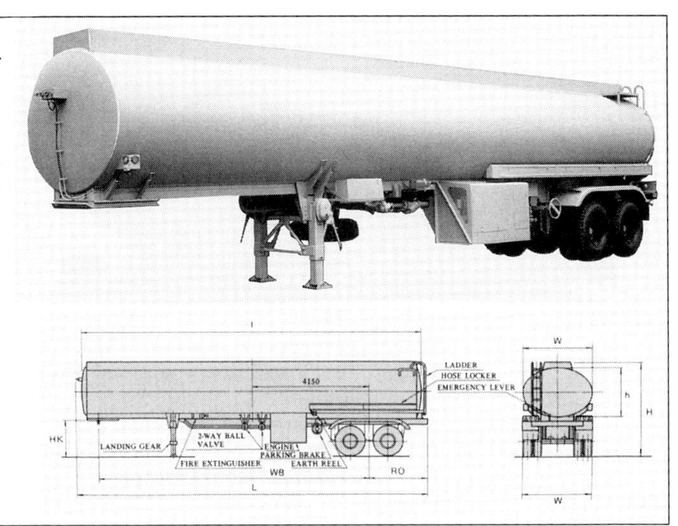

※東急車輌製造・タンクセミトレーラー

■ボトムダンプトレーラー

上から積み込み、下から排出するボトムダンプトレーラー。粉粒体の運搬に使用されることも多い。

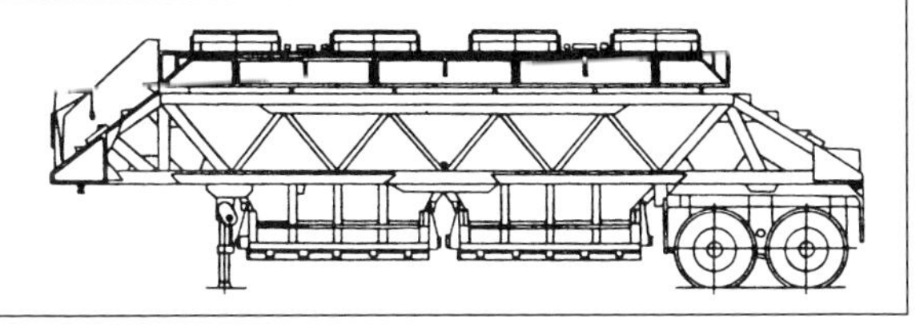

ることができる。こうしたトレーラーをボトムディスチャージトレーラーと呼ぶこともあり、穀物などの粉粒体にも使用される。

また、リアダンプ式の場合、トラック同様にシャシーフレームにベッセルが乗せられ、シャシーフレームからシリンダーでダンプアップさせる方式と、トラクター側からトレーラー全体をダンプアップさせる方式のものがある。トレーラー全体をダンプアップさせる場合、ダンプ機構はトラクター側に備えられることになり、トレーラー

■ダンプトレーラー

東急車輌製造のダンプトレーラー。車輌総重量22、24、26トンがラインナップされていて、最大18.6トンの積載が可能。

の最後尾の車軸がダンプアップの支点となる。

車両運搬車は比較的馴染みのあるもので、多数の乗用車などを積載して運搬するもの。車両の上にも車両が積載されることから、亀の子式車両運搬車などと呼ばれる。単車のトラックだと思われていることがあるが、実際にはセミトレーラー式のものも数多い。単車の亀の子式車両運搬車では、5台積みというのは一般的な仕様だが、セミトレーラートレーラーの場合は7台積み（トレーラーに6台、トラクターに1台）が一般的だ。

粉粒体運搬車はバルク車やバルクキャリア、バラ積み車とも呼ばれる。タンクトレーラーやダンプトレーラーのように馴染みのある車両ではないが、セメントや家畜飼料、小麦粉、塩化ビニールパウダー、合成樹脂ペレットなどさまざまな粉末や粒子状

■リアダンプトレーラーの種類

トレーラー全体をダンプアップさせる場合、トレーラーの最後尾の車軸に大きな負担がかかるため、サスペンションなどの強化が必要となるが、サブフレームが不要となるため、積載量を増大させることが可能となる。

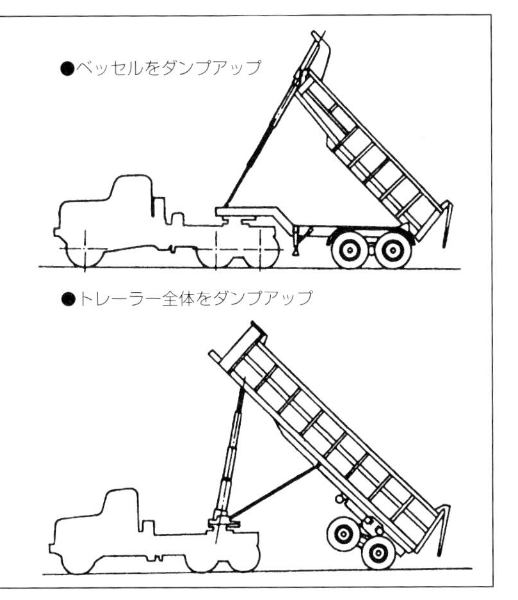

■車両運搬トレーラー

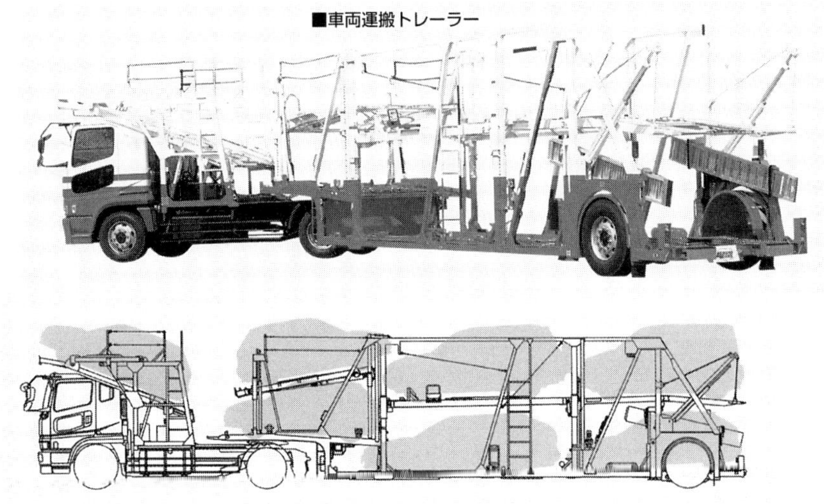

トラクターのキャブ上に1台積載することで7台積みを実現している車両運搬トレーラー。新規格軽自動車9台の積載も可能な浜名ワークス・ASZ229HT。

の積荷に対応している。こうした粉粒体は、以前は袋詰めしたうえで一般貨物と同様に運搬されていたが、梱包や開封に手間がかかり荷役が面倒なうえ、袋の破損や水濡れといったトラブルが起こりやすかった。そこでタンク状のボディを設け、ここに粉

■粉粒体運搬トレーラー

東急車輌製造のバラセメントに対応したエアスライド式横置き傾胴型タンクの粉粒体運搬車。

粒体のまま収めて運搬する粉粒体運搬車が使われるようになった。本書では詳しく解説しないが、それぞれの粉粒体の性状に合わせて、さまざまな荷降ろし機構がある。

一般貨物を積載するバンボディや平ボディのトレーラーの場合、積載量の増大に加えて、必要に応じて連結・切り離しができ輸送効率を高められるというトレーラー式のメリットを利用しているが、特装系のトレーラーの場合、連結・切り離しが前提とされていることはあまりなく、積載量の増大がトレーラー式採用のおもな目的とされている。

特装系ではトラクターとトレーラーは常にセットで考えられているので、架装に必要な動力源はもちろん、ダンプ車のホイスト機構や、粉粒体運搬車の排出機構などが、トラクター側に架装されることも多い。亀の子式車両運搬車のように、トラクターのキャブの上にまで車載のための機構を装備しているものもある。必要に応じてトラクターとトレーラーの組み合わせをかえて、輸送効率を高めるということは不可能になるが（同じ構造のトラクターとトレーラーならば可能だが、こうした使われ方は少ない）、トラック架装に比べて積載量を増大することができるので、トレーラー式を採用するメリットが充分にある。

これらの一般貨物用のボディや、特装系の架装の構造は、基本的にはトラックの架装と同様だが、一部には異なったシャシーフレーム構造を採用しているものもある。

◆重量用セミトレーラーの車体形状

重量用セミトラクターに対応したトレーラーの基本パターンは、平床式、低床式、中低床式の3種類に大別できる。これらのバリエーションのひとつとして、セルフローダーの機能を備えた重量用セミトレーラーもある。車両のチルトに加えて、ローディングランプを備えているので、建機の積み降ろしがスムーズに行える。

フラットベッドトレーラーやプラットホームトレーラーと呼ばれることもある平床式は、高速用の平ボディのように一枚の平面の床が荷台として用意されている。平床式と呼ばれるもののなかにも、最前端から最後端までが一平面とされているものと、グースネック形状を設け、それ以降が一平面とされ、それ以前は少し高い一平面とされているものがあり、段差があるものは段付き平床と呼ばれることもある。段差がないものの場合、長尺物が積載しやすいが、全高による規制を受けやすくなる。段付き

※東急車輛製造・平床式セミトレーラー

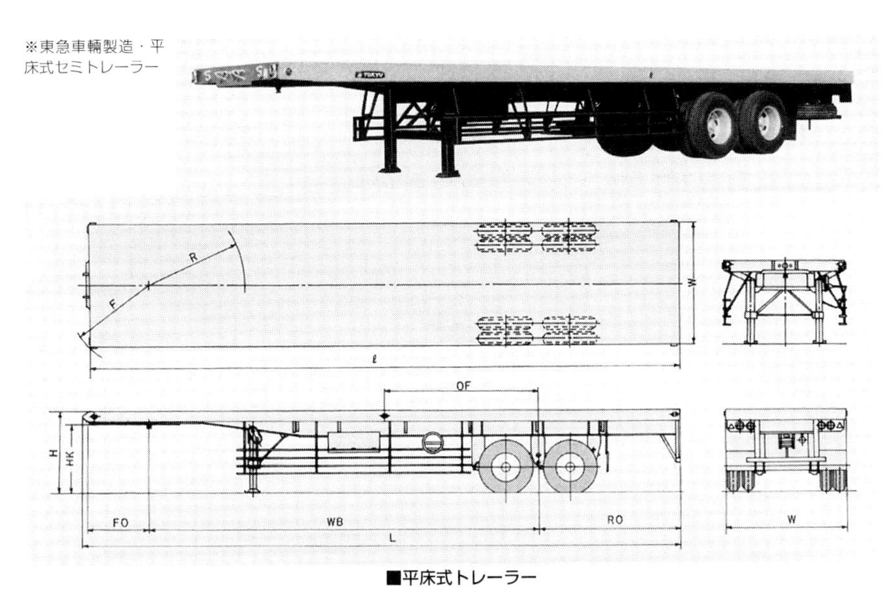

■平床式トレーラー

平床式トレーラーでは車両最前部から最後部までが１枚の平面とされている。

※東急車輛製造・段付き平床式セミトレーラー

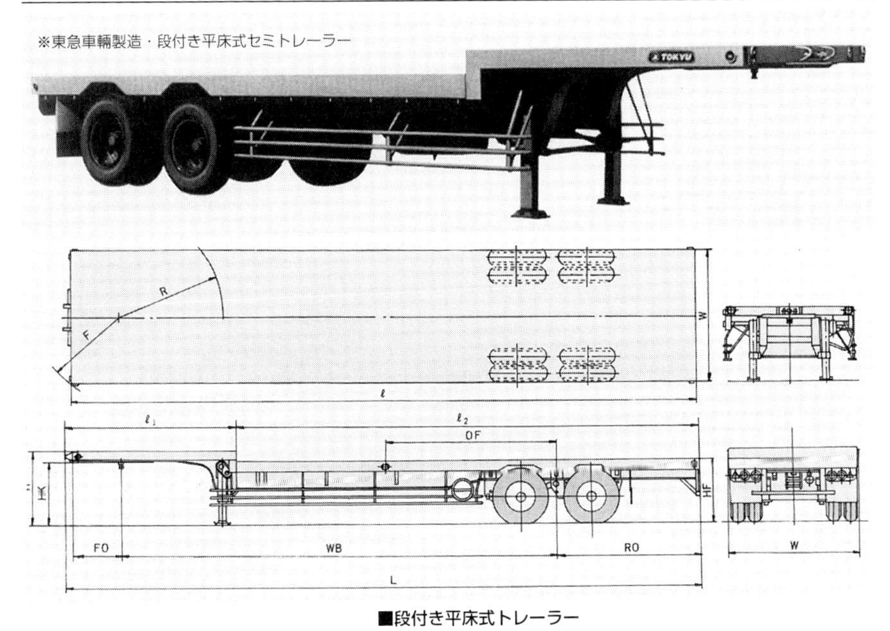

■段付き平床式トレーラー

段付き平床式トレーラーでは、トラクターと重複する部分が１平面とされ、それ以降が別平面とされている。段差はわずかだがグースネックを備えている。

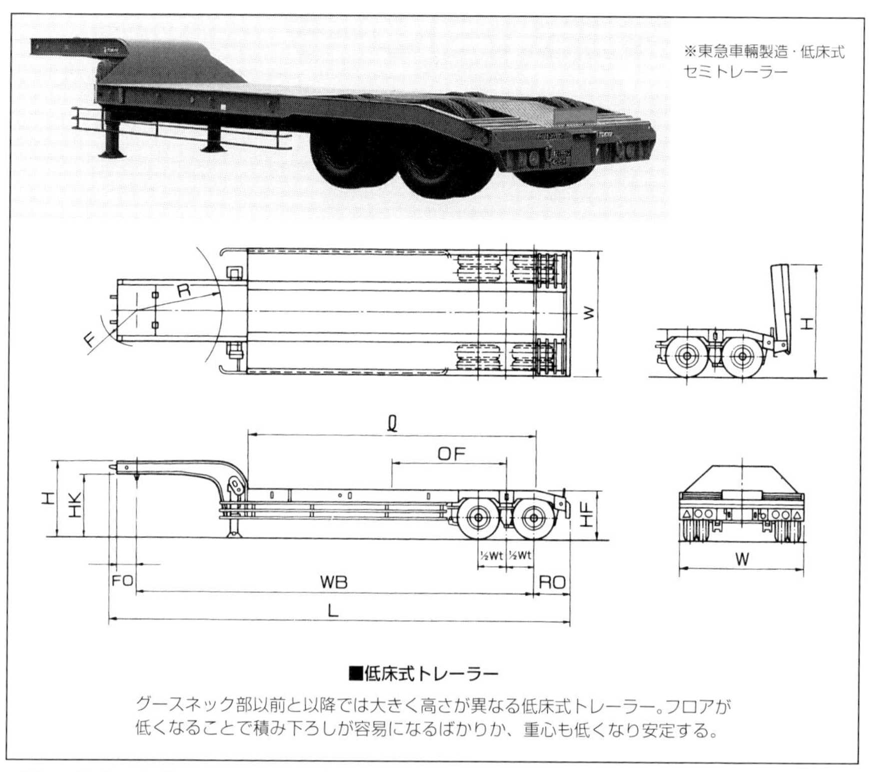

■低床式トレーラー

グースネック部以前と以降では大きく高さが異なる低床式トレーラー。フロアが低くなることで積み下ろしが容易になるばかりか、重心も低くなり安定する。

平床の場合、全高による規制を多少は受けにくくなるが、後で解説する低床式や中低床式に比べれば段差は少ないので、形状によっては長尺物でも積載することができる。

重量物に対応するために、床材には鋼板が使用されたり、木材が使用されたりする。荷台の高さは130㎝前後から170㎝前後が一般的で、段付き平床の場合には120㎝前後から100㎝程度のバリエーションがある。重量物に対応するものほど、フレームなどが太くなり、床材も厚くなるので、荷台が高くなりやすい。

低床式は、グースネック形状を採用し、平床式より床面を低くしたタイプ。ローベッドトレーラーとも呼ばれる。これにより積載物の高さを稼ぐことができるわけだが、それ以上に低重心化に効果がある。低重心にすることで、走行安定性が高められる。グースネック部以降は平面とされていて、段付き平床式と似てはいるが、低床式と呼ばれる場合、床面がタイヤの上端とほぼ同じ高さか、それ以下にされている。タイヤが積載面に露出していることが多く、タイヤが積載面より多少突出している場合もある。

後部は、建機などの積載を容易にするために傾斜面とされていることもある。床材

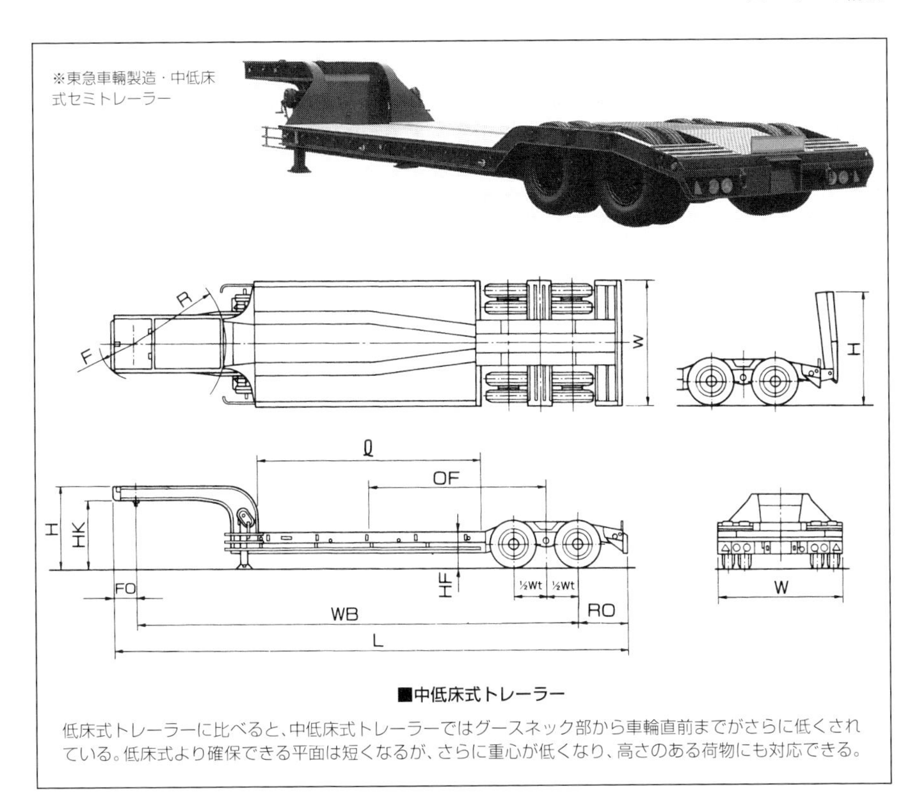

■中低床式トレーラー

低床式トレーラーに比べると、中低床式トレーラーではグースネック部から車輪直前までがさらに低くされている。低床式より確保できる平面は短くなるが、さらに重心が低くなり、高さのある荷物にも対応できる。

などは平床式と同様だ。高速用の低床車では小径のタイヤ&ホイールが採用されることがほとんどだが、重量用の低床車では荷重対策から一般的なタイヤ&ホイールが採用される。

中低床式は、言葉からすると平床式と低床式の間のような印象を与えるが、実際には中間部が低床式よりさらに低い床面とされている。中間部が低いということから中低床式と呼ばれ、ドロップドベッドトレーラーとも呼ばれる。前方はグースネック部以降、後方は車軸以前の部分が低くされている。車両重量が大きくなり、価格の面でも不利だが、規制内でより大きなものを積載することができるうえ、低床式よりさらに低重心となり走行安定性が高まる。もっとも低いものでは、床面地上高が60㎝程度とされている。後部の傾斜面や、床材、タイヤ&ホイールなどは低床式と同様だ。

海外では、平床式トレーラーや低床式トレーラーのメインのシャシーフレームを伸縮構造にしたものもある。これをテレスコープトレーラーと呼ぶ。伸縮構造にすることで重量が増加してしまううえ、対応できる重量も低くなったりするが、長尺物に対応できることが大きなメリットとなる。

◆ポールトレーラーほか特殊トレーラーの車体形状

ポールトレーラーにも高速用と重量用があり、単に長いだけで重くないものならば高速用が、長く重いものならば重量用が使用される。基本的な構造はどちらも同じで、シャシーフレーム強度など荷重対策が異なっている。

このほか、重量用トレーラーには特殊な形式のものが各種ある。これらは汎用のものではなく、構内作業で使われることがあるが、一般的には超重量物や超長尺物の発生に対応して製造されることが多い。保安基準の緩和措置を越えるような超重量物用に製造され、個々に詮議を受けることになる。

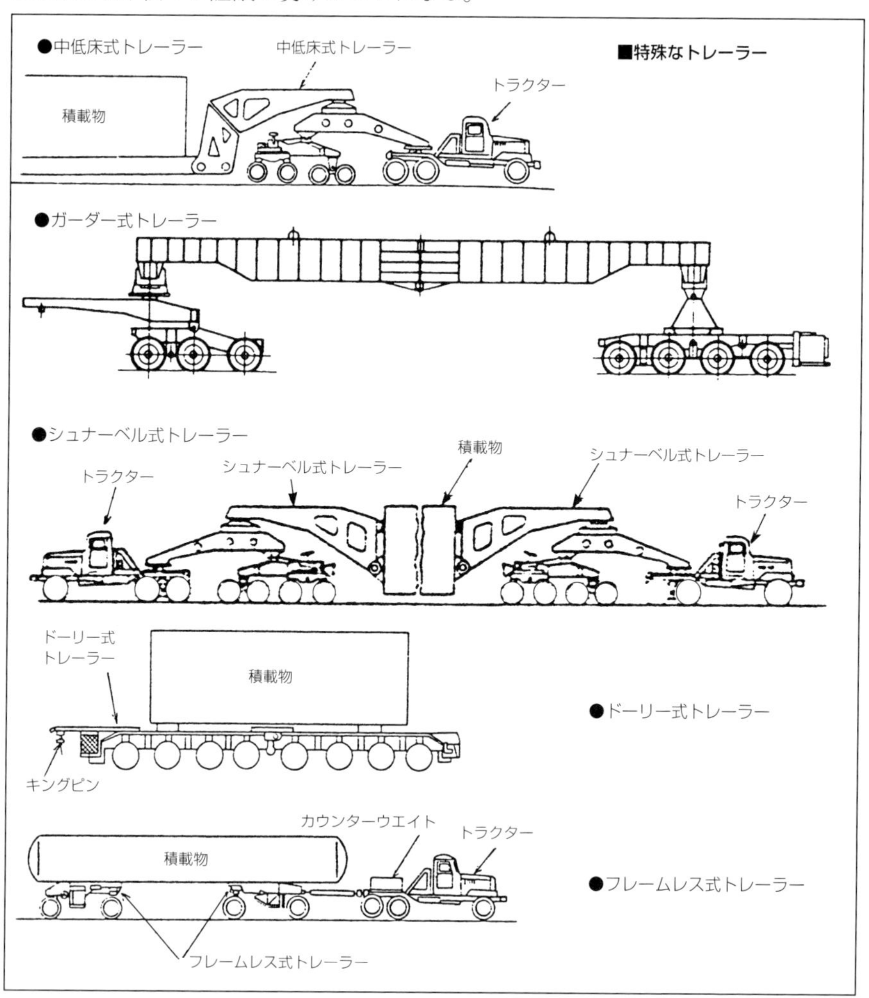

形状的には一般的な中低床式と同じだが、グースネックが高く、キングピンも高い位置にある中低床式トレーラーは、超重量物の運搬に使用される。このトレーラーをけん引する場合、セミトラクターとポールトレーラー（ドーリー）を組み合わせ、それぞれを特殊形状のフレームで連結する。そのうえで、このフレーム上のカプラーに中低床式トレーラーのキングピンが連結される。これにより第5輪荷重を多くの車軸に分散させることができる。

超重量物に使用される特殊な重量用セミトレーラーとしてこのほかに、ガーダー式トレーラー、シュナーベル式トレーラー、ドーリー式トレーラーなどがある。ガーダー式は、セミトレーラーとポールトレーラーの間にガーダーをまたがるように固定し、この間に積載物を吊って走行する。ガーダーの長さをかえることでさまざまな長さの積載物を運搬することができるが、ガーダーの分だけ重くなってしまう。

シュナーベル式は、超重量物用中低床式トレーラーを2組使用したもので、それぞれのトラクターとトレーラーを連結した特殊形状のフレームの間に積載物を挟んで運搬する。中間の積載物は下部のヒンジと上部の圧着座によって支えられている。積載物を構造の一部とするため軽量化を図ることができるが、積載物自体に大きな剛性が必要になる。またヒンジや圧着座をはじめフレームなどはすべて積載物に合わせた専用のものが必要になるため、汎用性がなく効率が悪い。

ドーリー式トレーラーは、平床式のセミトレーラーに重量物に対応するために多数の車軸を備えたもので、トレーラーが自立できるという点ではフルトレーラーともいえる。けん引はセミトレーラーで行うが、積載物の荷重はすべてトレーラーの車軸が支えているので、トレーラーは荷重を支える必要がほとんどなくなる。安全性が高いがトレーラーが高額になり、通行できる道路も幅の広い場所に限られてしまう。

ポールトレーラーに類するものに、フレームレス式トレーラーと呼ばれるものがある。2台のポールトレーラーの上に積載物を固定し、前方のポールトレーラーのドローバーを、フルトラクターに連結して走行する。積載物の荷重はすべて2台のポールトレーラーにかかるので、基本的にはトラクターはけん引するだけでよいが、実際にはトラクター側にカウンターウエイトを載せてバランスを取る必要がある。フレーム的な構造が必要ないため、安価に製造することができるが、積載には高度な技術が要求される。

●シャシーフレーム

トラックの場合、すでにある汎用シャシーに架装を行うことになるが、トレーラーの場合は、ボディメーカーがゼロから製造を始めることになるため、フレームレス構造やモノコック構造といったシャシーフレームを使用しない構造を採用することも可能となる。もちろん、フレームレス構造ばかりでなく、シャシーフレームを備えたトレーラーも数多い。重量用トレーラーではシャシーフレームは欠かせないものとなる。

トラクターやトラックは、トラックメーカーによって製造されているため、断面の形状などにメーカーによる違いがあるものの、基本的にはコの字断面か中空構造にされた鋼板でメインレールやクロスメンバーが構成され、リベットによってH型フレームにされる。トレーラーのフレームも同様の手法で作られることもあるが、メインレールとクロスメンバーの結合には電気溶接が使われることも多い。メインレールは

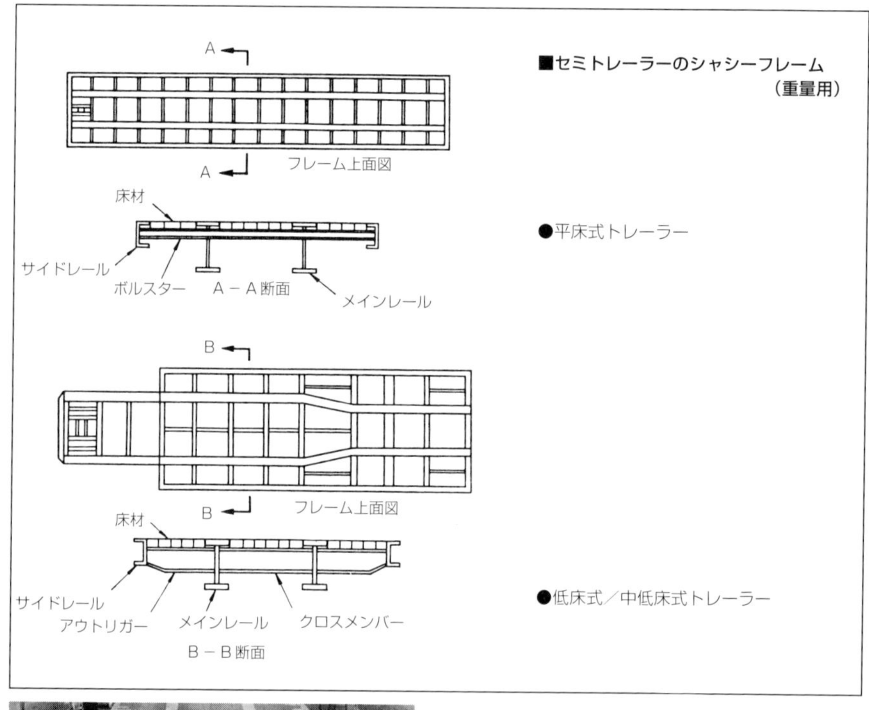

■セミトレーラーのシャシーフレーム（重量用）

●平床式トレーラー

●低床式／中低床式トレーラー

■床材

一般貨物トレーラーでは床材にアピトン材などの木材が使われることが多い。重量用トレーラーでは、積荷の重量に耐えられるように鋼板などの強固な床材が使われるように思われるかもしれないが、意外にアピトン材などの床材を使用していることも多い。

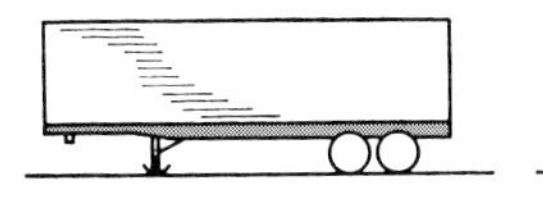

●フレームありバントレーラー

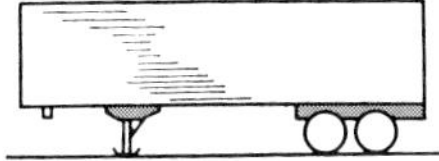

●フレームレスバントレーラー

■フレーム構造&フレームレス構造

フレーム構造のトレーラーでは車両の前後をフレームが貫通しているが、フレームレス構造では車軸付近程度にしかフレームと呼べる構造がない。

I字形断面の鋼材が使われることが多い。

たとえば、平床式や低床式の重量用セミトレーラーの場合、内側に2本のメインレール、左右両端にはサイドレールが備えられ、これらのレールがクロスメンバーによって接続されている。平床式トレーラーの場合にはメインレールが直線のことが多いが、低床式の場合には後輪のサスペンションやタイヤ&ホイールのために中央寄りに曲げられることもある。高速用のトレーラーでも、フレーム構造を備えるものの場合には、基本的には2本のメインレールで構成され、これがトラックのメインレールと同じように扱われる。

また、最近ではオールアルミのトレーラーの開発も進んでいる。シャシーフレームにもすべてアルミを使用したもので、大幅な軽量化が図られている。

いっぽう、フレームレス構造は、バンボディやタンク車で採用される。たとえば、バンボディでは箱構造をモノコックとして、荷台にかかる荷重やねじれなどをボディ全体で負担させている。ボディ部だけで見れば、トラックのフレームに載せられるバンボディよりも重いことになるが、フレームがないため、全体としては軽く作ることができる。これにより、積載重量をフレーム付きバンボディより高めることができ、荷室高を高くすることで積載容量も高められることがある。

タンクトレーラーは特にフレームレス構造のものが多く、車両後方はサスペンションを支えるフレームがタンクに取り付けられているだけで、それ以前の部分にはフレームとなる構造がまったくないものもある。タンクボディでもフレームレス構造とすることで積載量を増やすことができ、さらに通常のフレームの位置までタンクを下げることができるので、重心も低くすることができる。バルクトレーラーでもエア圧送式であればフレームレス構造にすることが可能だ。

また、トレーラー全体をダンプアップさせるリアダンプ式トレーラーの場合も、ベッセル全体でモノコック構造とされていることがある。ダンプ機構はトラクター側に備えられるうえ、フレームをなくすことでかなりの軽量化が図れ、積載量を増加させることができる。

さらに、海上コンテナ用トレーラーでも、フレームレスに近い発想が採用されることが多い。海上コンテナは、それ自体が強固な構造であり、専用トレーラーに緊締した状態では、トレーラーの一部ともいえる。そのため海上コンテナを含めた状態で全体としての強度を考えることができ、車両のフレーム自体は空車時の走行強度に耐えるだけのものでよいということになる。こうした構造のトレーラーをスケルトントレーラーと呼ぶ。

●車軸＆走行系

フルトレーラーの車軸は、日本では連結車総重量や車両総重量の規制の範囲内で考えると、2軸で充分ということになり、前1軸後1軸のものがほとんど。海外では、さらに大きな総重量が認められることもあり、これを受けて前1軸後2軸のものもあり、さらに多軸のものが使用されることもある。

セミトレーラーの車軸は、車両総重量によって1軸から4軸があり、海外ではさらに

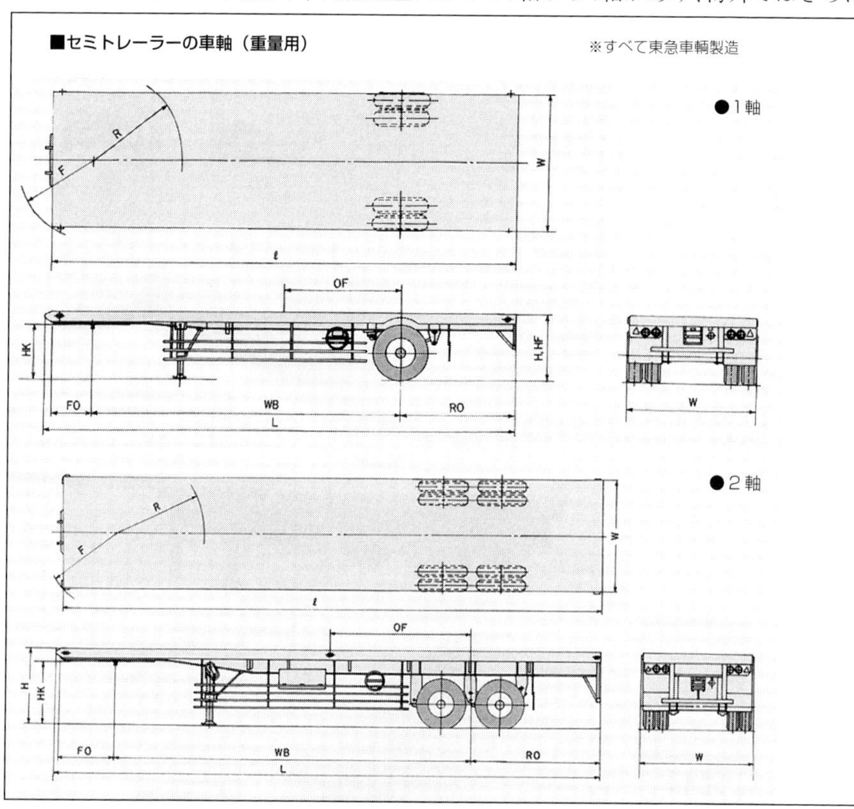

■セミトレーラーの車軸（重量用）

■フルトレーラーの車軸

日本では積載量や車両全長の制限を受けるため、2軸のフルトレーラーが一般的。海外では3軸以上のフルトレーラーが使われることがある。日本でも構内用トレーラーでは3軸のものが使われることもある。

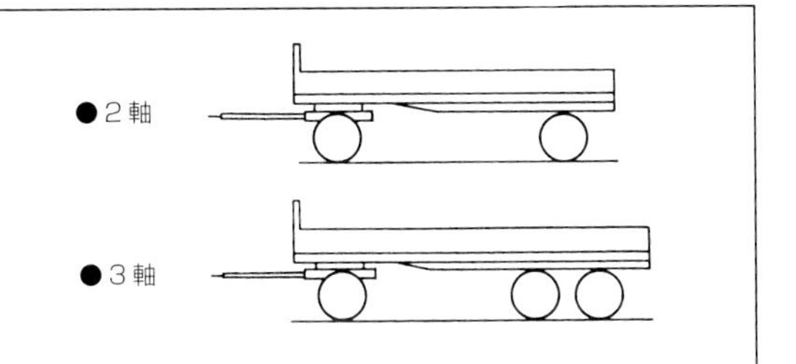

多軸のものもあり、なかにはステアリングするものもある。重量用トレーラーでは1軸から4軸が使用され、高速用トレーラーでは2軸が中心で1軸や3軸のものもある。

日本では、大型車の高速道路の料金は車軸数で変化する。そのため、高速道路による長距離輸送を前提とした単車のトラックでは、6×2やさらに軽量化を目指した6×2前2軸が採用されることが多い。つまり3軸のものが多く使用されている。もし4×2トラクターに2軸トレーラーを組み合わせると合計4軸になり、通行料の面ではト

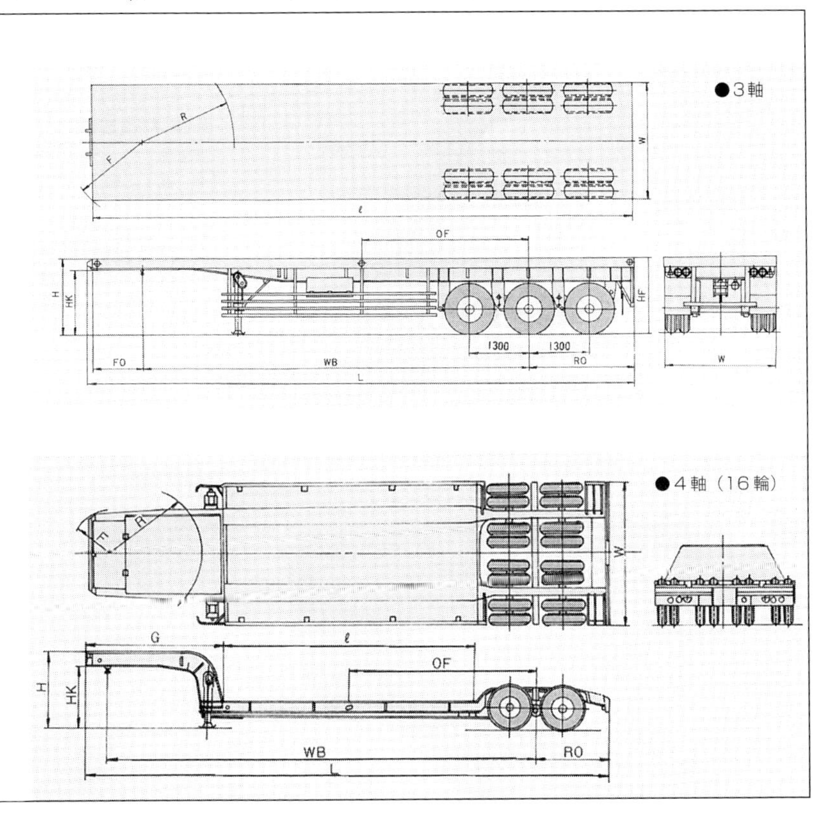

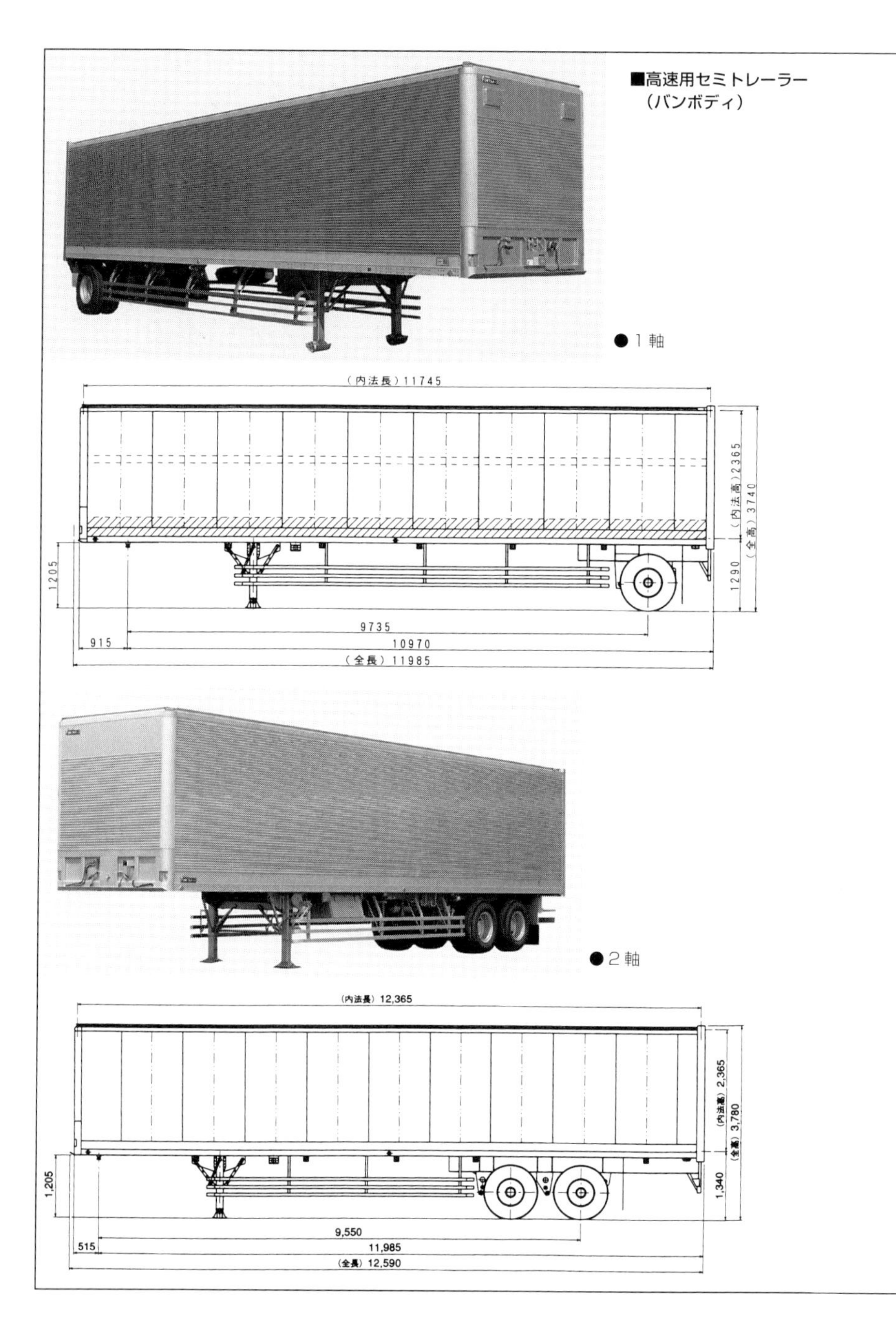
■高速用セミトレーラー
（バンボディ）
●1軸
（内法長）11745
（内法高）2365
（全高）3740
1205
1290
9735
915
10970
（全長）11985
●2軸
(内法長) 12,365
(内法高) 2,365
(全高) 3,780
1,205
1,340
9,550
515
11,985
(全長) 12,590

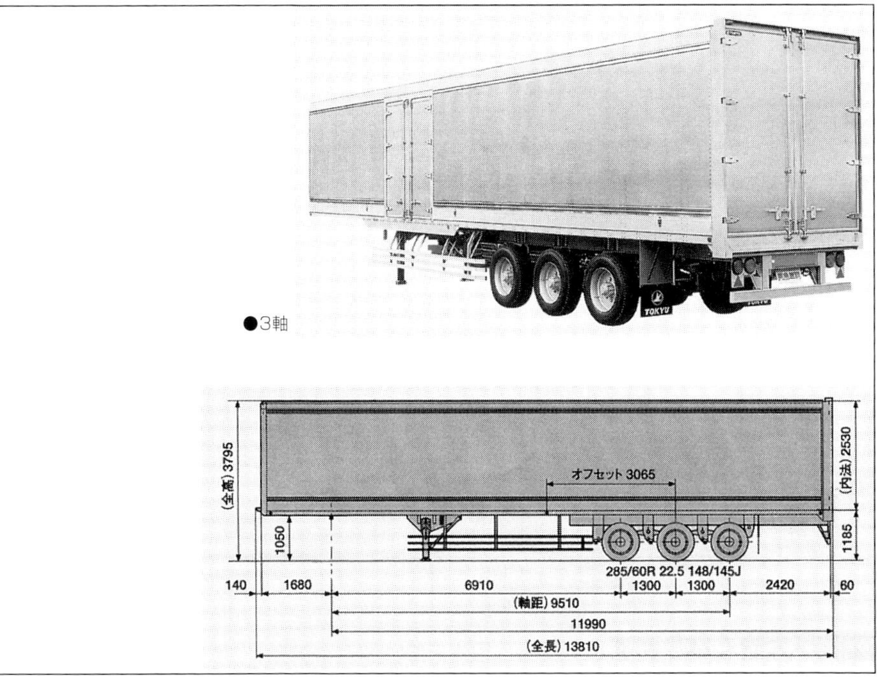

●3軸

ラックに対してトレーラーが不利になってしまう。しかし、1軸トレーラーならば4×2トラクターと組み合わせても3軸なので、大型トラック(単車)なみの通行料で済む。このため2軸が採用されることが多い。

通行料は不利になっても3軸化することで、積載量の増大を目指した高速用トレーラーもある。2軸のままで荷台長を長くすると第5輪荷重が大きくなり、最大積載量に影響を及ぼしてしまうが、3軸にすることで第5輪荷重が小さくなり、積載容量や積載重量を増やすことができる。この3軸化は、後で解説するワイドシングルタイヤの採

■16輪形式

一見したところ、車軸は2本のように見えるが、実際には車両の左右を貫通していない。片側に2本ずつ、合計4本ある。

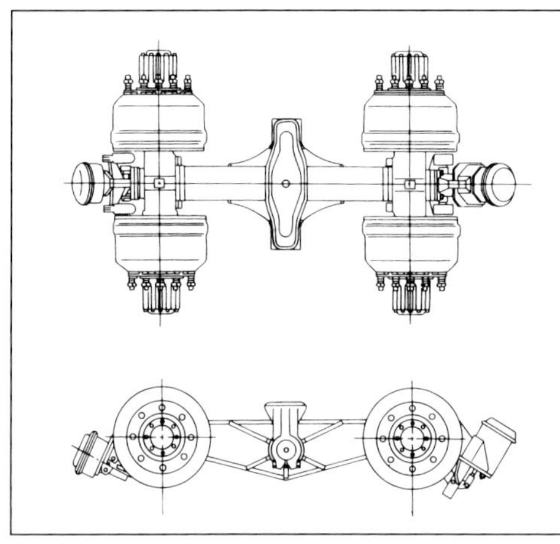

■４軸車用アクスル

４軸車用アクスルは、１６輪フルトレーラー独自のもの。車両の左右を貫通するわけではないので、極めて短い。

用や、低床化とも深い関係がある。

基本的には1軸から3軸までは、トラックの後輪の非駆動輪と同様に理解することができるが、4軸に関してはトレーラー独自のものといえる。4軸車を真横から見た場合、2軸車のように見えるが、それぞれの車軸は車両の左右を横断しているのではなく、車両の側面から左右中央付近までしかない。これが2列組み合わされて、4軸として構成される。それぞれの車軸の両端にタイヤ＆ホイールが備えられることになり、合計8カ所に取り付けられる。一般的にダブルタイヤが使用されるので、合計16輪ということになる。そのため4軸車は16輪タイプと呼ばれることもある。

ポールトレーラーの車軸は、一般的には2軸だが、以前は1軸式のものもあったが現在では数少ない。2軸式で1軸をステアリング可能としているものもある。3軸式のものもあり、そのうち1軸または2軸をステアリングさせるものもあるが、あまり一般的なものとはいえない。

アクスルの構造そのものも、トラックの後輪の非駆動輪と基本的に同じで、丸形中空断面または角形中空断面のものが使用される。ただし、重量用トレーラーで荷重負担が大きな場合には丸形中実（ソリッド）軸が使われることが多い。

このほか、ハブやホイールベアリング、タイヤ＆ホイールなどはトラックと基本的に同じである。ダブルタイヤが基本だが、海上コンテナ用トレーラーの規制緩和にともなって、ワイドシングルタイヤの採用が始まった。また、重量用トレーラーのなかには、軸重や1輪当たりの荷重の規制によって、1軸4輪では足りないが、2軸8輪では無駄があるため、2軸6輪というものもある。多少の無駄があっても8輪にしておけばよいように感じるかもしれないが、無駄な2輪を加えることによって最大積載量が減ってしまうことになる。この場合、後前軸をダブルタイヤ、後後軸をシングルタイ

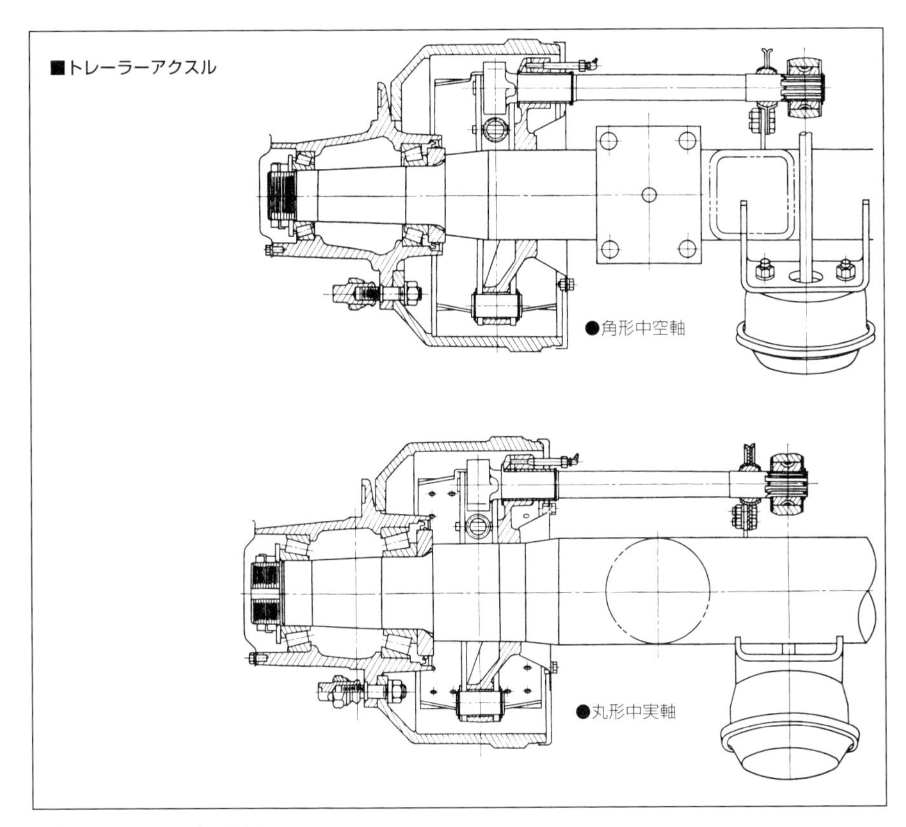

ヤとしていることが多い。

ワイドシングルタイヤは欧米では一般的に普及しているが、既存タイヤとの互換性の問題や、バーストの不安が払拭されていないため、日本ではまだ採用が少なくダブルタイヤが中心だった。ところが、新規格の海上コンテナ用トレーラーは3軸が前提となっているため、従来のダブルタイヤを使用すると合計12本を装着しなければならず、重量が増し、費用も増加する。そのため軽量化が図れるワイドシングルタイヤの採用が始まった。

シングルタイヤ化によるメリットは、重量や費用軽減ばかりでなく、フレーム幅を広くできるため、走行中のローリングが抑えられ安定性が向上するというメリットもある。また、ダブルタイヤでは旋回時の接地部における内側と外側の移動距離の差が大きいため、タイヤの摩耗が早いが、それに比べて接地幅が狭いワイドシングルタイヤは摩耗しにくい。転がり抵抗もダブルタイヤより小さいため、燃費にも有利になる。道路にも優しいことになる。

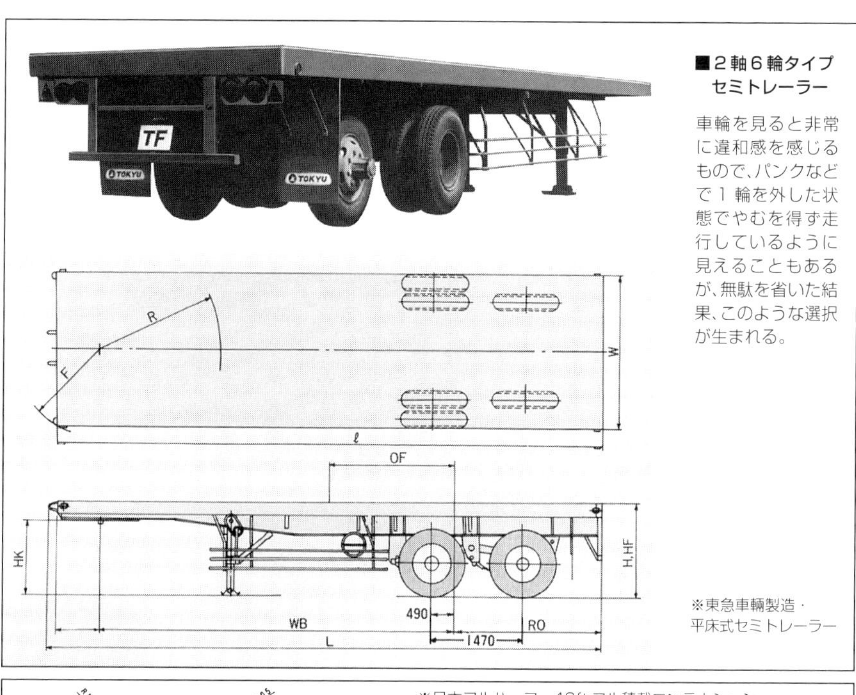

■2軸6輪タイプ
セミトレーラー

車輪を見ると非常に違和感を感じるもので、パンクなどで1輪を外した状態でやむを得ず走行しているように見えることもあるが、無駄を省いた結果、このような選択が生まれる。

※東急車輛製造・平床式セミトレーラー

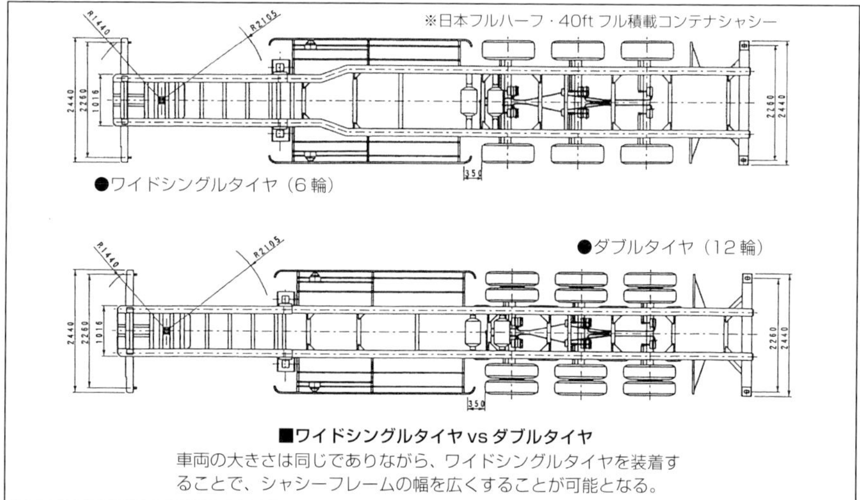

※日本フルハーフ・40ft フル積載コンテナシャシー

■ワイドシングルタイヤ vs ダブルタイヤ

車両の大きさは同じでありながら、ワイドシングルタイヤを装着することで、シャシーフレームの幅を広くすることが可能となる。

さらに、3軸車にすることで1軸あたりの負担が小さくなるので、低床化も実現しやすくなる。3軸化による最大積載重量の増加に加え、低床化で最大積載容量も増やすことが可能となる。

こうした数々のメリットによって、トレーラーの多軸化とワイドシングルタイヤ化が並行して進むものと思われる。ただし、現在のところワイドシングルタイヤ用ホイールはスチール製が主流で、アルミ製は非常に少なく、必ずしも軽量化のメリットを最大限に受けることはできない。また、従来のタイヤとの互換性やスペアタイヤの問題など、障害はさまざまにあるが、メリットも大きいため、今後はさらにワイドシングルタイヤ化が進むことが予想される。

●サスペンション

フルトレーラーや高速用セミトレーラーのサスペンションは、リーフスプリングを使用したものが主流だが、最近ではエアサスペンションも増えてきている。

1軸アクスル用としては平行リーフスプリング式サスペンションが一般的で、構造的にはトラクターやトラックのものと同じだ。2軸アクスル用もトラクターやトラックと基本的には同様の構造。イコライザーを併用して平行リーフスプリング式サスペンションを2連にしたタンデムスプリングサスペンションや、トラニオンサスペンションが使用される。ただ、単なるイコライザーだけでは、制動時にブレーキトルクの影響で跳び跳ね現象（ホッピング）を起こしやすい。そのため、ブレーキトルクを受け止めるためのトルクロッドを備えていることが多い。

3軸アクスル用では、タンデムスプリングサスペンションにさらに平行リーフスプリングサスペンションを加えたトリプルスプリングサスペンションが使用される。この場合もイコライザーを併用して、3軸にかかる負荷を均等化させている。高速安定性が高いサスペンション方式だが、コーナリング時にはタンデムスプリングサスペンションよりもタイヤが摩耗してしまう。そのためトリプルスプリングサスペンションは直線走行比率の高い長距離輸送に適している。

■平行リーフスプリング式サスペンション（シングルスプリングサスペンション）

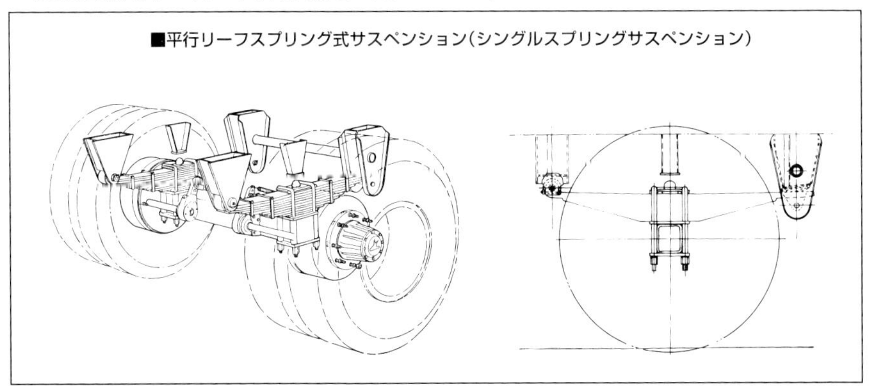

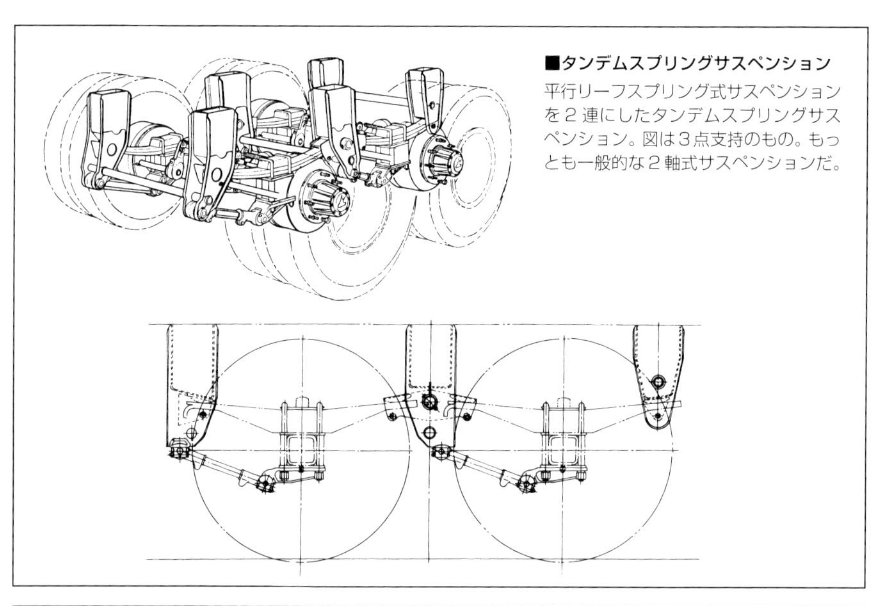

■タンデムスプリングサスペンション

平行リーフスプリング式サスペンションを２連にしたタンデムスプリングサスペンション。図は３点支持のもの。もっとも一般的な２軸式サスペンションだ。

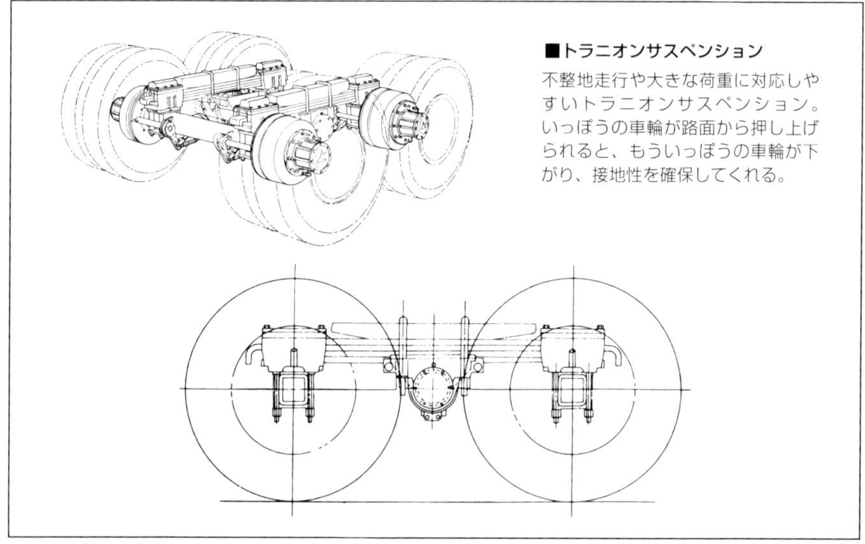

■トラニオンサスペンション

不整地走行や大きな荷重に対応しやすいトラニオンサスペンション。いっぽうの車輪が路面から押し上げられると、もういっぽうの車輪が下がり、接地性を確保してくれる。

重量用トレーラーの場合にも、アーム類などの強度やバネ定数は重量に対応したものが使用されるが、1軸から3軸にはこれらの方式のサスペンションが採用される。2軸アクスル用にはこのほかにトレーラー独自のサスペンション形式として、ウォーキングビームサスペンションがある。

■トリプルスプリングサスペンション

平行リーフスプリング式サスペンションを３連にしたトリプルスプリングサスペンション。左ページのタンデムスプリングサスペンションに、さらに１組を加えたもの。

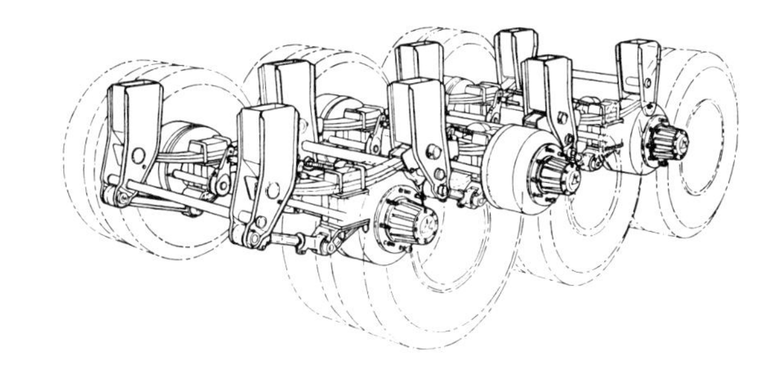

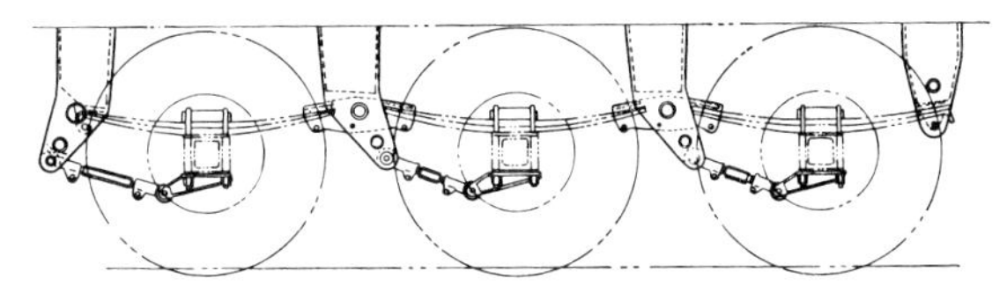

■ウォーキングビームサスペンション

トレーラー独自の２軸サスペンションといえるウォーキングビームサスペンション。スプリングを使用していないサスペンション形式で、重量用トレーラーで使われる。

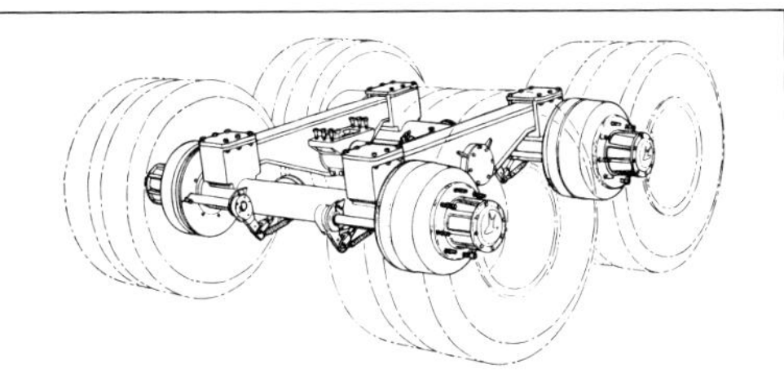

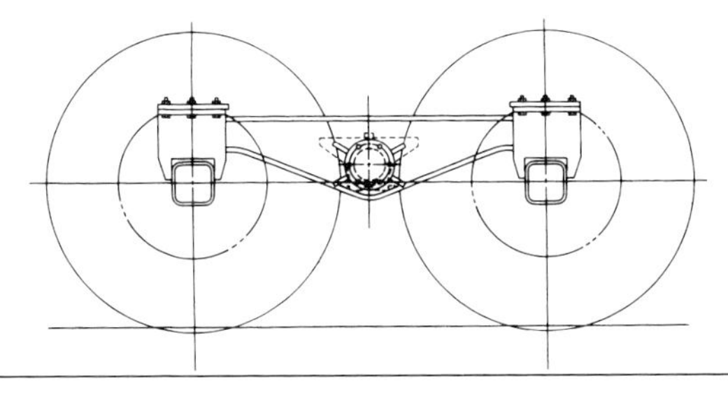

ウォーキングビームサスペンションでは、前後2軸をつなぐためのウォーキングビームが左右に配される。ウォーキングビームは箱構造のビームで、中央のトラニオンブラケットを介してシャシーフレームに取り付けられる。このビームによってピッチングの吸収と前後軸重バランスが取られることになる。

ビームの前後端でアクスルと連結する方法には2種類ある。ひとつはビームの端のボックス構造内にゴムパッドを挿入してアクスルの自由度を確保している。もうひとつは目玉形のゴムブロックを介してピンジョイントと結合させている。小さな振動や

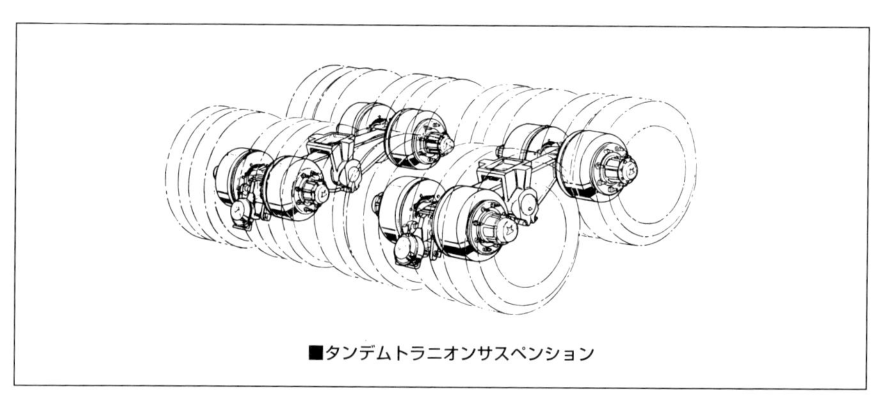

■タンデムトラニオンサスペンション

位置の変化は、タイヤとゴムパッドまたはゴムブロックで吸収するが、路面の凹凸やうねりは、ビーム自体のピッチングモーションで吸収する。スプリングとして使用されているのはゴムの弾力だけなので、低速走行ではあまり問題にならないが、高速走行ではバネ効果が期待できず、特に空車時ではショックが大きくなってしまう。しかし、車両全体のローリング安定性が高く、サスペンションとしての負荷容量が大きいため、超重量物用トレーラーで使用される。

4軸アクスル用のサスペンションは、タンデムトラニオンサスペンションやダブルオシレーティングサスペンションなどと呼ばれることが多い。4軸アクスルでは、車両の左右にそれぞれ2軸が配されることになるが、この2軸にまたがるように大きなウォーキングビームが配される。ウォーキングビームは中央のトラニオンブラケットを介してシャシーフレームに取り付けられ、ピッチングできるようにされている。ウォーキングビーム両端のジャーナル部(軸受部)には太くて短いアクスルが備えられ、ジャーナル部でアクスルがローリングできるようにされている。これにより4本のアクスルは、それぞれ独立してピッチングとローリングすることができ、不整地でも接地性が高く、荷重の分散を効率よく果たすことができる。

エアサスペンションは、高速用トレーラーでの採用が中心。ショックが少なくなる

■エアサスペンション

※日本フルハーフ

ため、シャシーの耐久性が大幅に向上し、寿命が長くなる。特に海上コンテナ用トレーラーではメリットが大きく、ヨーロッパではすでに8割がエアサスペンション仕様となっている。また、車高調整を簡単に行うことができるため、プラットホームとの高さ合わせや、荷さばき時に車体を傾斜させられるなど、荷役作業性の向上にも効果がある。

なお、トレーラー用サスペンションでは、ショックアブソーバーが併用されることは少ない。特に重量用トレーラーでは、ほとんど使用されていない。高速用トレーラーの場合は、積荷の保護を目的にショックアブソーバーの採用が始まりつつあり、オプションでラインナップされていることも多い。エアサスペンションの場合は、ショックアブソーバーが標準で装備されていることがほとんどだ。

●制動系

トレーラーの制動系には、常用ブレーキ(サービスブレーキ)、エマージェンシーブレーキ(非常ブレーキ)、トレーラーブレーキ、分離ブレーキ、パーキングブレーキ(駐車ブレーキ)の5種類がある。このうち、パーキングブレーキ以外はすべて空気圧式ブレーキで、トレーラーに装備されたリレーエマージェンシーバルブの機能によって、各種のブレーキとしての機能を果たす。

各輪には、トラクターと同様の方式のドラムブレーキやディスクブレーキが装備され、空気圧で駆動される。ブレーキ本体駆動用の空気圧は、トラクターからエマージェンシーブレーキラインによって送られ、トレーラーのリレーエマージェンシーバルブ

■トレーラーのブレーキ系統

エマージェンシーブレーキラインによって、トレーラーのリザーバータンクは常に適切な空気圧が保たれている。トラクター側でサービスブレーキ(フットブレーキ)やトレーラーブレーキを操作すると、サービスブレーキラインに信号圧がかかる。リレーエマージェンシーバルブは、この信号圧に応じた空気圧をブレーキチャンバーへ送る。

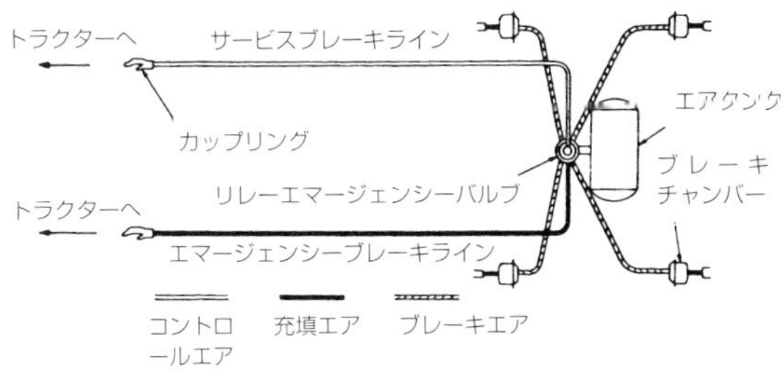

トラクターへ
サービスブレーキライン
エアタンク
カップリング
ブレーキチャンバー
リレーエマージェンシーバルブ
トラクターへ
エマージェンシーブレーキライン
コントロールエア
充填エア
ブレーキエア

を介して、トレーラーのエアタンクに送られている。ドーリー分離式フルトレーラーの場合、ドーリーとセミトレーラーに分離することが可能であるため、ドーリーにもエアタンクとリレーエマージェンシーバルブが備えられる。トラクターからの2系統の空気圧ラインは、まずドーリーに導かれ、そこからさらにトレーラーに導かれることになる。

常用ブレーキの場合、ドライバーがブレーキペダルを踏むと、サービスブレーキラインによって信号圧がトレーラーのリレーエマージェンシーバルブに送られる。リレーエマージェンシーバルブは、トレーラーの空気圧式ブレーキのリレーバルブと同じように、その信号圧に応じて、トレーラーのエアタンクの空気圧を各ブレーキ本体のブレーキチャンバーへ送り、ブレーキ本体を作動させる。

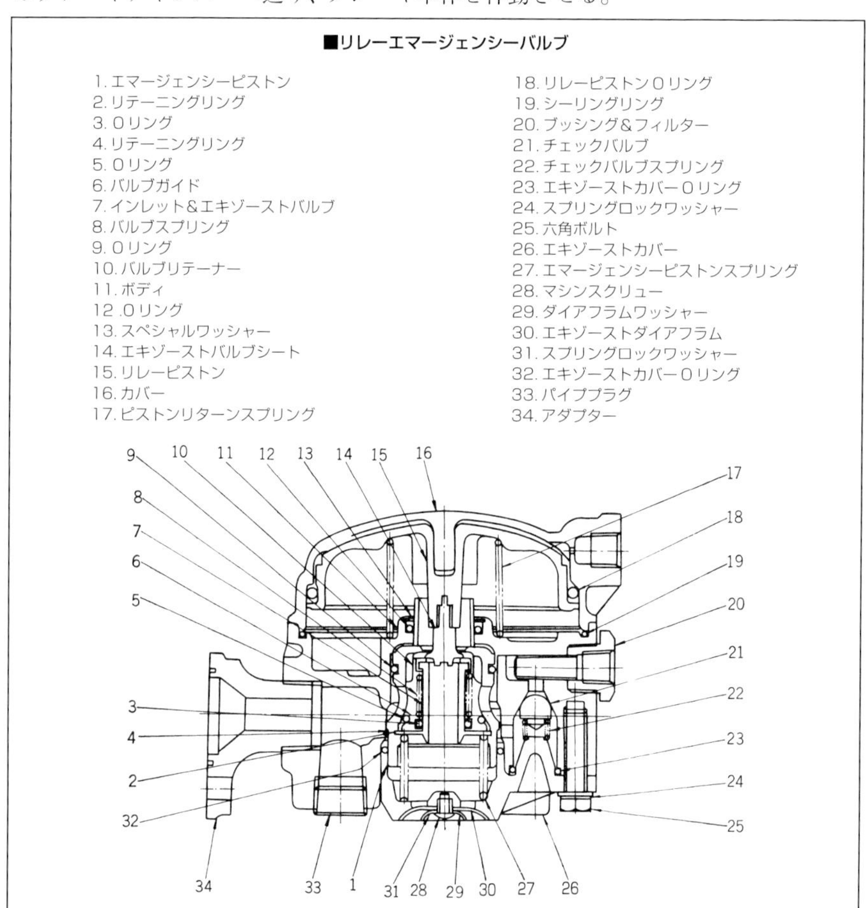

トレーラーブレーキは、トラクターのブレーキペダルを踏まない状態で、つまりトラクターの常用ブレーキを作動させない状態で、トレーラーの常用ブレーキだけを作動させるもの。トレーラーブレーキを作動させると、トラクターは制動されず、トレーラーだけが制動される。たとえば長い坂を下るような状況では、トレーラー側だけで減速のための制動を行うと、車両が後方から引っぱられることになり、操縦性によい効果が得られ、ジャックナイフ現象を防止することを目的としている。

トレーラーブレーキの空気圧の流れは常用ブレーキとまったく同じ。トラクター側でトレーラーブレーキを操作した場合、軽くブレーキペダルを踏んだ程度の信号圧がサービスブレーキラインから送られてくる。これにより、トレーラー側のブレーキだけが軽く作動することになる。5%程度の制動力を発揮するように設定されていることが多い。

エマージェンシーブレーキは、エマージェンシーブレーキラインの空気圧によって作動する。エマージェンシーブレーキラインはトレーラーのエアタンクに空気圧を供給するためのものなので、トラクターとトレーラーが連結され、エンジンが稼働してトレーラーのブレーキが使える状態では、常に空気圧がかかっていることになる。もし、事故などでトラクターとトレーラーが離れてラインが切れてしまったり、トラクターのブレーキ系統に異常が発生して空気圧が低下したような場合、リレーエマージェンシーバルブは、エマージェンシーラインの空気圧の低下を受けて、逆止弁を閉じてトレーラーのエアタンクからの空気漏れを防ぎ、同時に非常弁が開いてエアタンクの空気圧を一気に各輪のブレーキチャンバーへ送る。これによりトレーラーのブレーキが強力に作動する。

分離ブレーキとは、実質的にはエマージェンシーブレーキと同じことで、トラクターとトレーラーを分離した際に、ブレーキカップリングが外されることでトレーラーのブレーキが自動的に作動し、一種のパーキングブレーキとしての機能を果たす。ただし、分離後にエアタンクの空気圧が低下してしまえば、ブレーキは解除されてしまうことになる。

どんな車両にも駐車位置を保持するためにパーキングブレーキが備えられているが、トレーラーの場合にはトラクターとの連結作業時や分離作業時に、トレーラーの移動や揺れを防止するという役割もある。パーキングブレーキには、メカニカルブレーキとスプリングブレーキの2種類がある。メカニカルブレーキはトレーラーメーカーによって採用している方式が異なるが、基本的にはトレーラーの後輪のブレーキ本体を機械的に作動させているものが多い。たとえば、トレーラー横に丸ハンドルが設けられ、このハンドルを回転させることでブレーキワイヤーを引き込み、ブレーキ本体のブレーキレバーを引いて制動している。

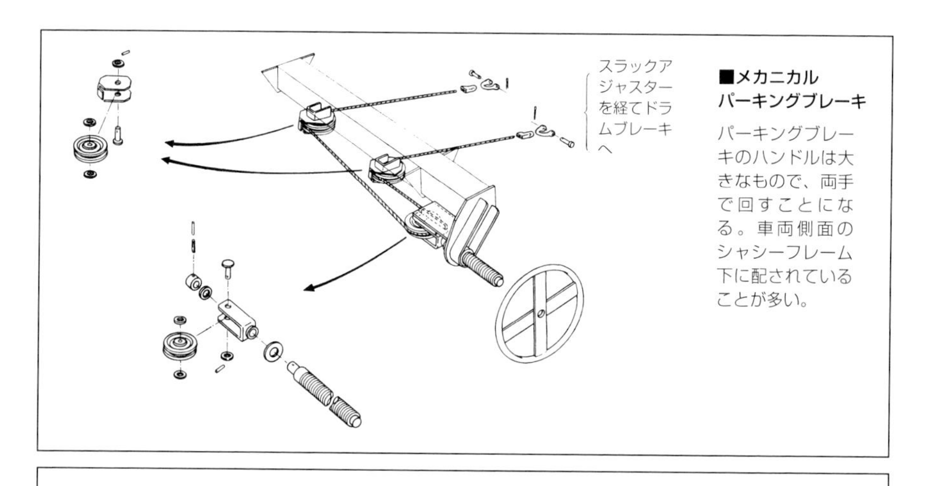

■メカニカルパーキングブレーキ

パーキングブレーキのハンドルは大きなもので、両手で回すことになる。車両側面のシャシーフレーム下に配されていることが多い。

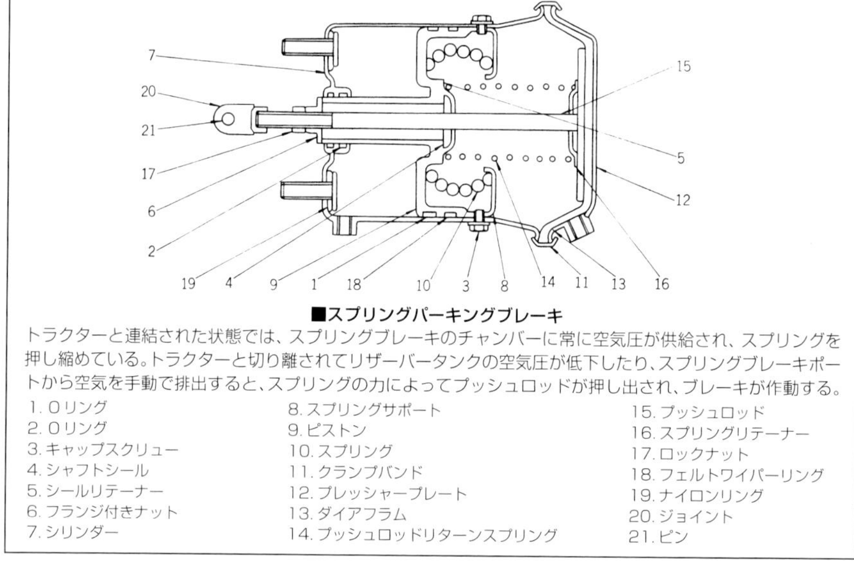

■スプリングパーキングブレーキ

トラクターと連結された状態では、スプリングブレーキのチャンバーに常に空気圧が供給され、スプリングを押し縮めている。トラクターと切り離されてリザーバータンクの空気圧が低下したり、スプリングブレーキポートから空気を手動で排出すると、スプリングの力によってプッシュロッドが押し出され、ブレーキが作動する。

1. Oリング
2. Oリング
3. キャップスクリュー
4. シャフトシール
5. シールリテーナー
6. フランジ付きナット
7. シリンダー
8. スプリングサポート
9. ピストン
10. スプリング
11. クランプバンド
12. プレッシャープレート
13. ダイアフラム
14. プッシュロッドリターンスプリング
15. プッシュロッド
16. スプリングリテーナー
17. ロックナット
18. フェルトワイパーリング
19. ナイロンリング
20. ジョイント
21. ピン

スプリングブレーキ（スプリングローディッドブレーキ）をパーキングブレーキとして採用しているトレーラーも増えてきている。商品名ではあるが、一般にはマキシブレーキと呼ばれることが多い。スプリングブレーキは、非常ブレーキとしての機能も備えている。

スプリングブレーキでは、常用ブレーキとしてブレーキ本体を駆動するブレーキチャンバーと、スプリングブレーキ用のチャンバーが直列に配されている。スプリングブレーキ用のチャンバーには、トレーラーのエアタンクの空気圧が直接導かれている。通常はこの空気圧によって、内部のスプリングが押し縮められているが、トラクターから分離されてエアタンク内の空気圧が規程以下の圧力になると、スプリングが空気圧に打ち勝ってプッシュロッドを押し出しブレーキを作動させる。これにより自動パーキングブレーキとして機能してくれることになる。空気圧系統にバルブを設けて、エアタンク内の空気圧を手動で逃せば、手動パーキングブレーキとして機能する。また、スプリングブレーキは、トレーラーのブレーキ空気圧系統に異常が発生して、空気圧が低下してしまった場合にも、自動的にブレーキが作動することになるので、非常ブレーキとしての機能も果たしてくれる。

スプリングブレーキのデメリットとしては、トレーラーが分離された状態でパーキングブレーキを作動させてしまった場合、これを解除するには新たに空気圧をトレーラーのエアタンクに供給する必要があり、トラクターの空気圧ラインと接続しなければならない。一般的には大きな問題はないのだが、トレーラーをフェリーに乗せるような場合、走行用のトラクターから切り離し、いったんトレーラーを駐車させたうえで、専用のヤードトラクターでフェリーへ積み込むことになる。この場合、パーキングブレーキが作動してしまっているので、これを解除するためにヤードトラクターと空気圧ラインを接続しなければならなくなり、作業が面倒になる。

トレーラーへのABS採用も進んでいる。危険物トレーラーが91年10月から、一般トレーラーのGVW10トン超が95年9月から、ABSの装備が義務付けられている。トラクターが後輪ロックを起こした場合には、ロックした車輪は方向性を失ってしまうため、トラクターとトレーラーが大きく折れ曲がってしまい、ジャックナイフ現象が起こることになるが、トレーラーが後輪ロックを起こした場合には、トレーラースイ

■ジャックナイフ現象とトレーラースイング現象

ジャックナイフはトラクターがトレーラーに押された状況ばかりでなく、トラクターの後輪ロックによっても発生する。トレーラーの後輪ロックが起こった場合には、トレーラーが遠心力で外に振られていくトレーラースイングが起こる。

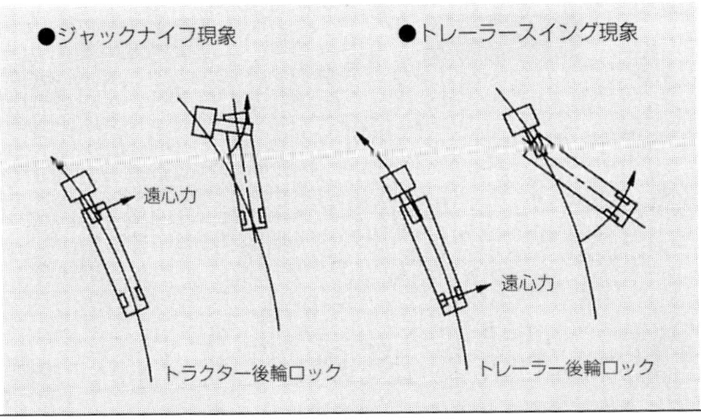

■ABS装置

トラクターのように各種装置類を設置するエンジンルームのようなスペースがないトレーラーでは、ABSユニットはシャシーフレーム下に設置される。写真では分かりにくいが、エアタンクの横に配置されている。

ング現象が起こる。これはカーブなどを走行中に、トレーラーが後輪ロックして進行方向に進まなくなり、遠心力によってトレーラーが旋回の外側に振り出される現象で、ジャックナイフ現象同様に危険なものである。トレーラーにABSを備えることで、このトレーラースイング現象を防ぐことができる。

ABSの基本的な構造は、トラックやトラクターのものと同じだ。トラックやトラクターでは、前後輪の回転速度差を検出してABSを作動させているが、トレーラーのABSの場合は、個々の車輪の回転状態を検出して、ロックを起こしそうになると空気圧を解放して、制動力を落とすようにされている。

また、補助ブレーキとしてのリターダーの採用も始まっている。トレーラーアクスルに直接組み込まれる構造で永久磁石式などが採用されている。構造はトラックやトラクターに採用されているものと同じで、空気圧によって作動する。リターダーの作動はトラクター側の排気ブレーキに連動している。運転席でエキゾーストブレーキス

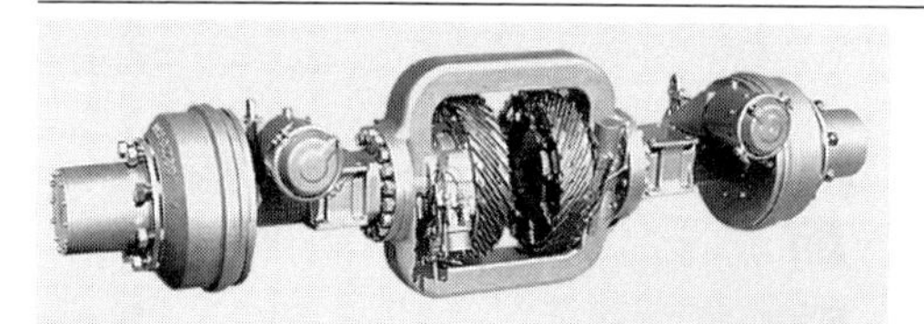

■トレーラー用リターダー

アクスルにビルトインされた永久磁石式のリターダー。基本的な原理はトラックなどで使用されているリターダーと同じだ。東急車輛製造・リターダービルトインアクスル。

イッチをONにすると、トレーラーのリターダーも作動する。排気ブレーキの作動と完全に連動しているので、アクセルペダルを踏んだ時やクラッチペダルを踏んだ時、ニュートラルにシフトされた時、ABSが作動した時には、トレーラーのリターダーも自動的に解除される。つまり、常にエキゾーストブレーキスイッチをONにしておいても、アクセルペダルを踏み込んだ走行状態ではトレーラーのリターダーとトラクターの排気ブレーキは作動せず、アクセルから足を離してエンジンブレーキを使用したい時や、ブレーキペダルを踏んだ状態では、自動的に作動することになる。制動力は2段階に切り替えられ、運転席で切り替えられるものもある。

リターダーを装備することにより、フットブレーキやトレーラーブレーキを操作する回数が減ることに加え、シフトダウン操作も減るので、ドライバーの負担を軽減することができる。とくに、今後トレーラーブレーキが廃止される可能性があるため、トレーラー側の補助ブレーキの存在は重要となる。また、ブレーキの使用量が減るため、フェード現象の発生を防ぐという安全面での効果もあるうえ、ブレーキドラムやライニングの摩耗も減り、整備コストを軽減することも可能となる。

●ランディングギア

セミトレーラーの場合、連結時は車両前方がトラクターによって支えられているが、分離時には車両後方にしか車輪がないため、自立することができない。そこで必要になるのがランディングギアだ。セミトレーラーならではの装備といえるもので、ランディングサポートとも呼ばれ、日本語では補助脚や支持脚といわれる。車両に常設されたジャッキといえるもので、安全に車両を支えることができ、走行時には確実に収納でき、充分な地上高が得られなければならない。

ランディングギアには油圧式や電動式のものもあるが、手動機械式のものが一般的だ。車両前方の左右両側に設置され、ハンドルを回すことによって脚を出したり入れたりすることができる。一般的には、片側からひとりで作業できるように左右のランディングギアが連動式にされていることが多いが、重量用トレーラーでは独立式でふたりで左右から同時に作業する方式が採用されることもある。作業性を向上するために、低速と高速の2段階切り替えが備えられたものもある。

電動式ランディングギアの場合、電力はトラクターから供給されるものが使用されることが多いが、切り離し状態では作動させることができなくなるため、トレーラーにバッテリーを備えていることもある。この場合、バッテリーへの充電はトラクターとトレーラーが接続されている時に行われる。

接地面は、角形か丸形の皿状にされた皿形式（サンドシュー式）が一般的だが、海外

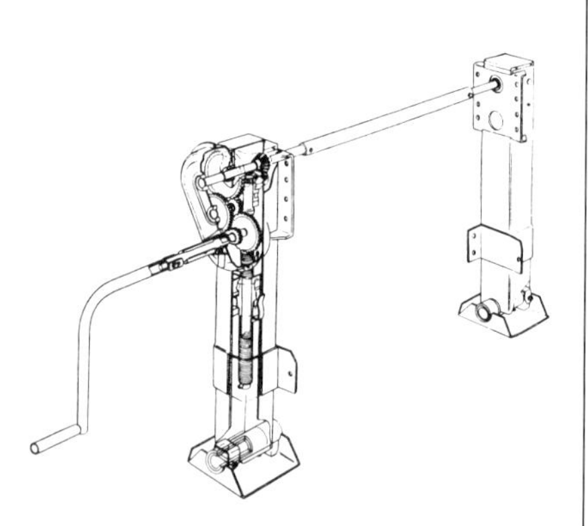

■手動機械式ランディングギア（左右連動）

片側のハンドルを操作するだけで、両側のランディングギアの脚を伸ばしたり縮めたりすることができる。

では先端に小さな車輪が備えられた車輪式（ホイール式）もある。トラクターとの連結作業時や分離作業時には、トレーラーに前後方向の力がかかるが、この衝撃の緩和に関しては車輪式のほうが多少有利となる。しかし、車輪式の場合は接地面への荷重集中が大きく、舗装などを損傷する恐れがあり、特に重量用トレーラーには不向きとされている。

●駆動するトレーラー

新たなトレーラー方式の開発も始まっている。そのひとつが駆動できるトレーラーだ。駆動できるトレーラーというとトラックのようだが、トレーラー側に駆動源を設置せず、トラクター側の駆動力をトレーラーに伝達して駆動しようというものだ。

中特建機が開発したもので、トラクターとトレーラーの間にドライブシャフトを設けて、トレーラー側にも駆動力を伝達している。車体形状としては、トラクター＋トレーラーとはならず、連接車の扱いを受け、全長12m、車両総重量25トンの規制を受けてしまううえ、機構的に重くなる（予測値で従来のトラクター＆トレーラーに比べて1～2トン程度の増加）ので積載量が減ってしまうことになる。車両総重量25トンのトラック（単車）と比べた場合には積載量に問題があるといえるが、一般的なトラクター＆トレーラーと比較した場合、18トン程度の積載が可能で、市場性は充分にあると考えられている。また、トレーラー側に駆動力を与えることで、操縦安定性が向上することが大きなメリットといえる。

トラクターからトレーラーへの駆動力伝達ジョイント部は、操舵によってトラクターとトレーラーに角度が生じても伝達可能なものでなければならない。そこで、トラクターのデフ後部から取り出された出力軸は、いったんピニオン＆ベベルギアで垂

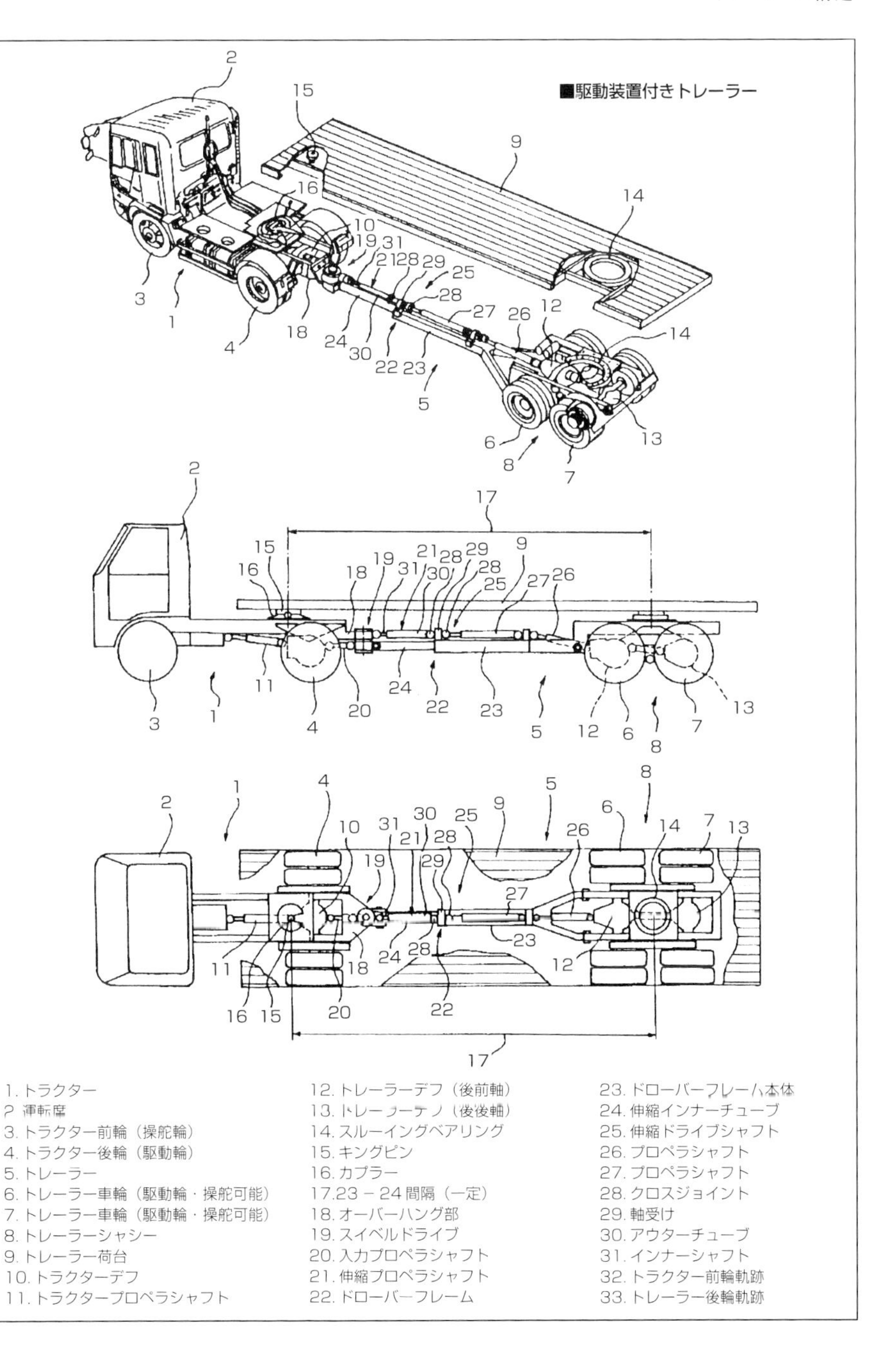
■駆動装置付きトレーラー
1. トラクター
2. 運転席
3. トラクター前輪（操舵輪）
4. トラクター後輪（駆動輪）
5. トレーラー
6. トレーラー車輪（駆動輪・操舵可能）
7. トレーラー車輪（駆動輪・操舵可能）
8. トレーラーシャシー
9. トレーラー荷台
10. トラクターデフ
11. トラクタープロペラシャフト
12. トレーラーデフ（後前軸）
13. トレーラーデフ（後後軸）
14. スルーイングベアリング
15. キングピン
16. カプラー
17. 23－24 間隔（一定）
18. オーバーハング部
19. スイベルドライブ
20. 入力プロペラシャフト
21. 伸縮プロペラシャフト
22. ドローバーフレーム
23. ドローバーフレーム本体
24. 伸縮インナーチューブ
25. 伸縮ドライブシャフト
26. プロペラシャフト
27. プロペラシャフト
28. クロスジョイント
29. 軸受け
30. アウターチューブ
31. インナーシャフト
32. トラクター前輪軌跡
33. トレーラー後輪軌跡

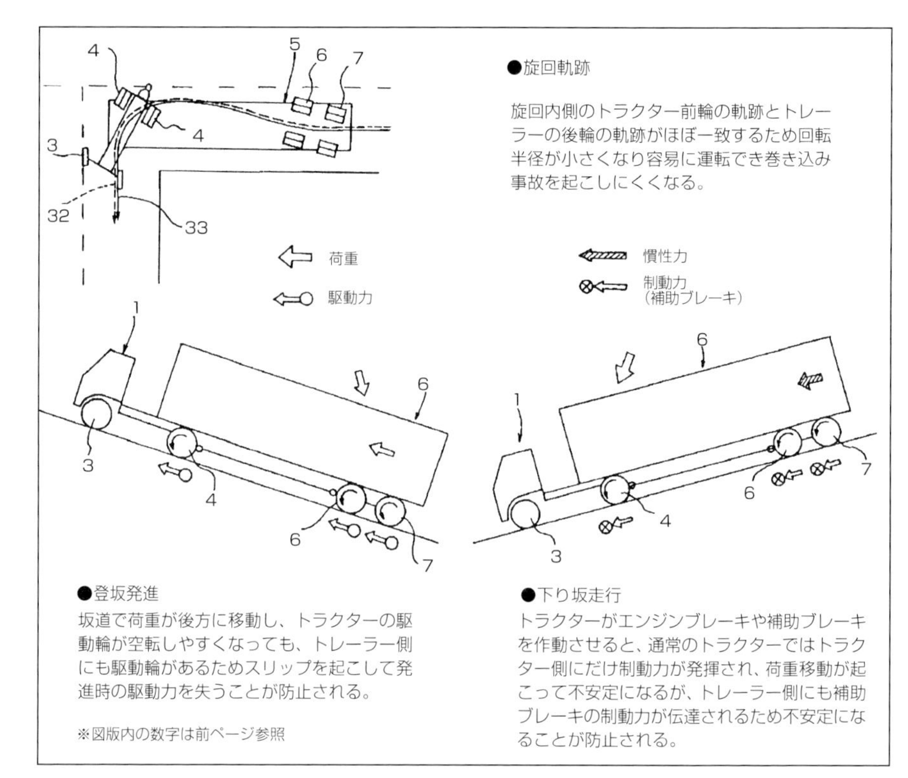

直方向の回転に変換。ここにトラクター側のプロペラシャフトをピニオン＆ベベルギアで接続している。この回転が垂直方向にされた部分が、出力軸と入力軸が1直線上にない場合にもスムーズに回転を伝達してくれる。回転差はプロペラシャフトとトレーラーフレームを伸縮構造とすることで吸収している。

トレーラーでも駆動が行われることになると、前方にあるトラクターの駆動輪と後方にあるトレーラーの駆動輪によって、4WD的なレイアウトとなり、悪路走破性が高まることはもちろんだが、トラクター＆トレーラーならではのさまざまな問題点も解消することができる。

トラクター＆トレーラーにとって坂道走行は危険な状況になりやすいもので、特に下り走行の場合、トレーラーでも制動が行われているとはいえ、ラフなブレーキングを行うとトレーラーの荷重がトラクター側に移動してしまう。トラクター側の制動が強く、トレーラー側の制動が弱いと、最悪の場合、トレーラーがトラクターを追い越そうとして「く」の字形になってしまうジャックナイフ現象を起こす。しかし、トレーラー側にも駆動力が伝達されていればエンジンブレーキもきかせることができ安全に減速を行うことができる。

また、坂道で発進する場合、一般的なトラクター&トレーラーでは荷重がトレーラー側に移動してしまい、トラクターの駆動輪がスリップしやすいが、トレーラー側にも駆動力が伝達されていれば、こうした問題は解消される。

さらに、駆動力伝達を行っているジョイント部は、トラクターとトレーラーを連結しているカプラー部より後方にある。操舵によってトラクターとトレーラーが折れ曲がると、図のように駆動力伝達のジョイント部分がカーブの外側に振られることになり、プロペラシャフトがトレーラーの駆動輪を逆方向に操舵することになる。これによりトラクターの車輪軌道がトレーラー側の軌道に近くなるため、回転半径を小さくすることができる。4WSの逆位相操舵に相当する。高速走行時に横Gを緩和する効果もある。

トラクターカタログ
代表的なトラクター

【GIGA】

いすゞ／ギガ

いすゞ（いすゞ自動車）の大型トラクター“ギガ”のラインナップは、リーフサスペンションの4×2セミトラクターが“EXR”、エアサスペンションの4×2セミトラ

ギガの4×2セミトラクターにはリーフサスペンションとエアサスペンションの２タイプがある。

6×4後2軸セミトラクターにもサスペンション形式により2タイプが設定される。

ギガの前面デザイン。

クターが“EXD”、リーフサスペンションの6×4後2軸セミトラクター“EXZ”、エアサスペンションの6×4後2軸セミトラクター“EXY”とされている。“EXR”と“EXD”にはローリー専用や車載専用といった専用トラクターの設定もあり、“EXR”にはリフトカプラー対応のトラクターもある。“EXY”は6×4だが重量用ではなくカーゴ系専用の設定。エアサスペンション車には、トレーラーの連結・切り離しをスムーズに行うことができるカプラー高調整装置が標準装備されている。

搭載されるエンジンは11種で、無過給のV10とV12、直6インタークーラーターボがあり、国内最高600馬力のパワーを誇る無過給V10エンジン“10TD1”もラインナップされている。トランスミッションはOD付き6段、OD付き7段、ダブルOD付き7段などがあり、重量用セミトラクターである6×4後2軸にはHI／LO切り替え式16

ギガEXR海上コンテナフル積載対応車。

V型12気筒450ps12PE1-Sエンジン

段に加えて2ペダル方式の機械式セミオートマチックトランスミッション“ECOGIT”も用意されている。エアサスペンション車のラインナップを別扱いとしていることからも分かるように、エアサスペンションには力が入れられていて、他社が1車軸当たり2個のエアスプリングを使用するリーフスプリング併用式エアサスペンションであるのに対して、いすゞでは1車軸当たり4個のエアスプリングを使用するパラレルリンク式エアサスペンションを採用している。この特徴をアピールするために、同社ではこのサスペンションを“4バッグエアサスペンション”と呼んでいる。制動系には、2段階で制動能力が切り替えられる永久磁石式リターダーを採用している。

【BIG THUMB】

日産ディーゼル／ビッグサム

日産ディーゼル（日産ディーゼル工業）の大型トラクター“ビッグサム”は、4×2セミトラクター“CK－T”、6×4後2軸セミトラクター“CW－T”、6×2前2軸フルトラクター“CV－P”、6×4後2軸ポールトラクター“CW－P”がラインナップされる。“CK－T”は高速用トラクターで、海上コンテナフル積載対応車や車載用などがあり、重量用トラクターである“CW－T”には低床リーフサスペンションも設定されている。

V10無過給、V8無過給、V8インタークーラーツインターボ、直6インタークーラー

ビッグサム CK-T

ビッグサム CV-P

ビッグサム CW-P

V 型 10 気筒無過給 450psRH10E エンジン。

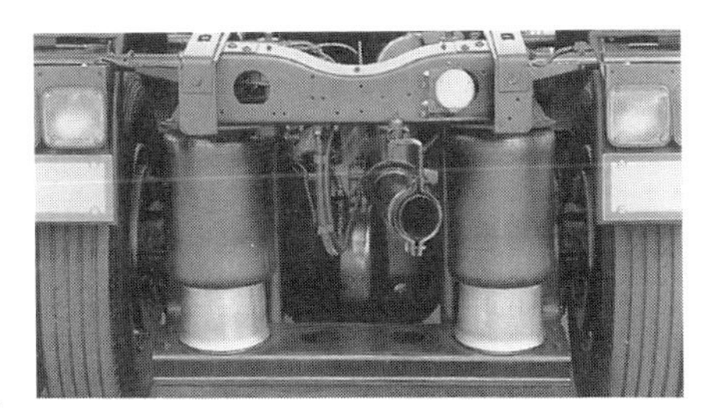

エアサスペンションの動作。
上がUP時、下がDOWN時。

ビッグサム CK-T

ターボで、全9タイプのエンジンがあり、500馬力の高出力のものから経済性を重視した直6インタークーラーターボのなかから用途に合わせて選ぶことができる。

トランスミッションは、OD付き6段、ダブルOD付き7段、OD付き12段のほか、フラー製9段があり、走行中のクラッチ操作が不要な機械式セミオートマチックトランスミッション“ESCOT－Ⅱ”12段も用意されている。エアサスペンション車の設定も多く、重量用トラクターである6×4“CW－T”にも設定されている。エアサスペンション車にはカプラー高任意調整機能があり、連結作業性を向上することができる。

制動系には排気ブレーキ、圧縮圧解放式エンジンブレーキ“EEブレーキ”、電磁式リターダー“コンパクトリターダー”のほか、日本初の電子制御ブレーキシステム“EBS”も設定されている。“EBS”は積荷の量によってかわるブレーキ性能をコンピュータが自動制御。空車時でもフル積載時でも同じ感覚でブレーキペダルを操作することができる。また“EBS”にはABS、ASRの機能も併せ備えている。安全装置にはこのほかにも適切な車間距離の維持をサポートしてくれる追突警報装置“トラフィックアイ”なども用意されている。

【SUPER DOLPHIN PROFIA】

日野／スーパードルフィン プロフィア

日野（日野自動車工業）の大型トラクター“スーパードルフィン プロフィア”の基本ラインナップは4×2セミトラクター“SH”、6×4後2軸セミトラクター“SS”、6×2前2軸フルトラクター“FN”、6×4後2軸ポールトラクター“FS”。“SH”に関しては、汎用・ローリー用として3160㎜（D尺）、3600㎜（F尺）、3800㎜（G尺）の3種類のホイールベース、海上コンテナ用にもD尺とF尺、車載用にはG尺に加えて

プロフィアKC-SH

プロフィアKC-SS

6×4ポールトラクター
FS

6×2フルトラクターFN

4750㎜（L尺）というロングホイールベースのものが用意されている。ロングホイールベースとすることで、キャブ上にも1台積載できるようにされている。40ft海上コンテナフル積載対応車は“SH”に設定されている。

搭載されるエンジンは、520馬力を実現しているV8インタークーラーターボエンジンF17D-TI〈FT-Ⅱ〉をはじめ直6インタークーラーターボ、V8無過給、V10無過給がトラクターの用途に合わせて選ばれる。トランスミッションはHi／Lo切り替え式の16段、10段のほか、7段、6段があり、また電子制御によって走行中のギアチェンジはレバー操作だけで可能な機械式セミオートマチックトランスミッション“HSAT”も設定されている。エアサスペンションは“SH”全車種にラインナップされ、カプラー高調整装置が備えられているので、トレーラーの連結・切り離し作業を効率よく行える。カプラーに関しては、日本初のリモコンカプラーもあり、運転席でカプラーの開放が行える。補助ブレーキには、圧縮圧解放式エンジンブレーキのほか、流体式と永久磁石式の2種類のリターダーが用意されている。

FNに標準装備される強力型永久磁石式リターダー。

SH、SS、FSに標準装備のエンジンリターダー。

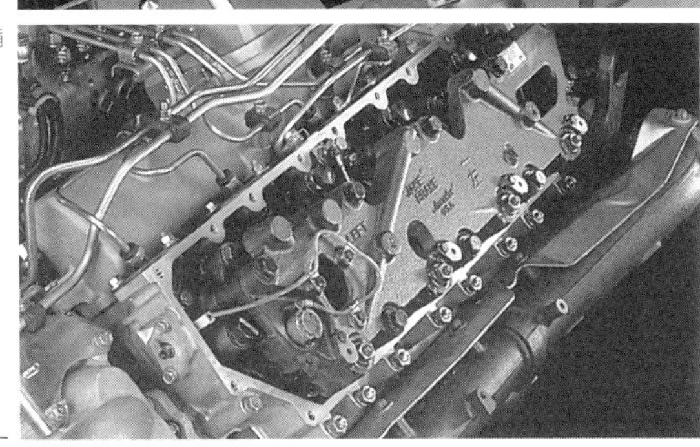

世界初の装置であるスキャニングクルーズは、車間距離のスキャニングに加えて、車間距離の調整も行ってくれる。先行車がいない状態では設定した速度で定速走行し、先行車がいると、設定した速度を上限として車速に比例した車間距離を保つように加速減速が行われる。

V型8気筒電子制御式燃料噴射ポンプ採用のインタークーラーターボ付き520psのF17D-TIエンジン。

【SUPER GREAT】

三菱ふそう／スーパーグレート

三菱ふそう（三菱自動車工業）の大型トラクター“スーパーグレート”は、基本のラインナップが4×2セミトラクター“FP”、6×4後2軸セミトラクター“FV”、6×2前2軸フルトラクター“FT”、6×4後2軸ポールトラクター“FV”の4ライン。このうち“FP”は高速用セミトラクターで、ホイールベース3160㎜のD尺車と、ホイールベース3800㎜のロングホイールベース車であるG尺車があり、低床エアサスペン

4×2セミトラクターFP

6×2セミトラクターFV

6×2前2軸フルトラクターFT

ポールトラクターFV

ションモデルや、40ft海上コンテナフル積載対応のものもある。

使用されるエンジンは、550馬力のV8インタークーラーツインターボ8M22（T1）を筆頭に、直6インタークーラーターボ、V8無過給、V10無過給で8種類がある。トランスミッションは、高出力エンジンに対応したHi／Loスプッターを備えた16段マニュアルトランスミッションや、同じくHi／Loスプッター付き10段のほか、直結7段、OD付き7段、OD付き6段があり、さらにオートマチックトランスミッションの快適さとマニュアルトランスミッション並みの低燃費を両立したファジイ制御の機械式オートマチックトランスミッション“INOMAT”がセミトラクター用に用意されている。サスペンションは平行リーフスプリング式やトラニオン式のほか、セミトラクターにはエアサスペンションもラインナップ。制動系では、流体式リターダーや圧縮圧解放式エンジンブレーキ“パワータード”を採用。

安全装置には、スキャンレーザー方式で先行車との車間距離を測定して接近しすぎると警報を発してくれる“ディスタンスウォーニング”や、世界初の装置であるドライバーの運転注意力を感知警告してくれる運転注意力モニターも用意されている。運転注意力モニターは“MDAS”と名付けられたもので、白線認識カメラによって車両の蛇行量やステアリング操作量などからドライバーの注意力レベルを判断している。

【ACTROS】

メルセデス・ベンツ／アクトロス

メルセデス・ベンツの大型トラクター“アクトロス”の基本ラインナップは、4×2セミトラクターと6×4後2軸セミトラクター。4×2には海上コンテナフル積載対応車も用意されている。搭載されるエンジンは5種で、V6インタークーラーターボ4種と、V8インタークーラーターボ1種。V8は530馬力を達成している。トランスミッ

アクトロス4×2セミトラクター

ロングキャブタイプの
6×4トラクター

欧州仕様のキャビン。

海上コンテナフル積載対応車。

ションはいずれもHi／Lo切り替え式16段。クラッチミートは不要で、クラッチペダルを踏んでシフトレバーを前後に動かすだけで変速できる。ほとんどの車種がエアサスペンションで、4×2と6×2それぞれに1車種ごとリーフスプリングサスペンションのものがある。リーフスプリングサスペンションは、同社独自の形式でパラボリッ

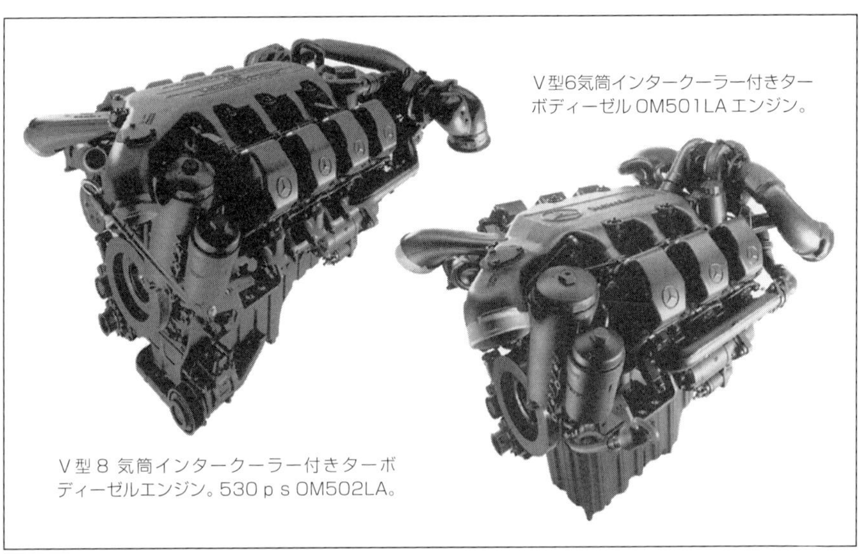

V型6気筒インタークーラー付きターボディーゼルOM501LAエンジン。

V型8気筒インタークーラー付きターボディーゼルエンジン。530ps OM502LA。

快適さも追求した室内。

クスプリングサスペンションと呼ばれ、エアサスペンション車のフロントサスペンションにも採用されていて、4枚のリーフスプリングが擦れ合わないようにセットされている。制動系は総輪ディスクブレーキで、圧縮圧解放式エンジンブレーキや流体式リターダーの設定もある。

#【FH12 ／ 16 & FM12】

日本ボルボ／FH12/16 & FM12

ボルボの大型トラクターのラインナップは“FH12”、“FH16”、“FM12”で“FH12”は4×2セミトラクターと6×4後2軸セミトラクター、“FM12”は4×2セミトラク

FH12トラクター4×2
(グローブトロッターキャブ)

FH12 トラクター

ターのみ、“FH16”は6×4後2軸セミトラクターのみとされる。“FH12”と“FM12”には直6インタークーラーターボのD12Cエンジンが搭載され、“FH16”には直6インタークーラーターボのD16Bエンジンが搭載される。それぞれの数字は、ほぼ排気量

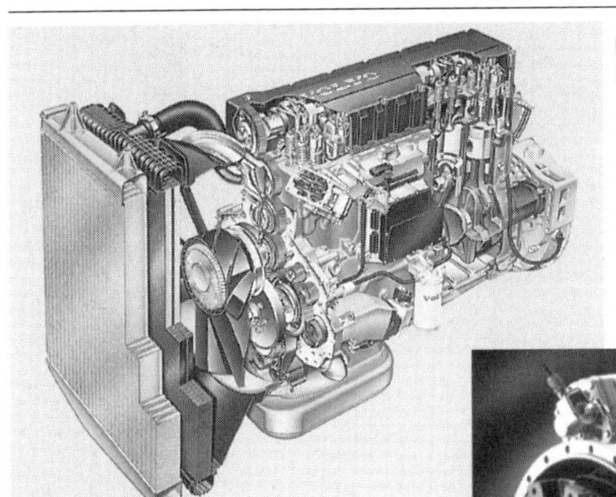

FH12に搭載されるD12Cエンジン。380psから460psまでのタイプがある。

※写真は欧州仕様

オプションで取り付けられるフルオートマチックトランスミッション、前進6段。

FM12のキャビン。

※写真は欧州仕様

のキロリッターに等しい。D12Cエンジンは380馬力、420馬力、460馬力のラインナップがあり、D16Bエンジンは520馬力を発揮する。トランスミッションはいずれもレンジチェンジとスプリッターを備えた前進14段・後退4段のマニュアル。サスペンションは、“FH16”はすべてリーフスプリング式で、“FM12”の一部にはリーフスプリング式があるが、大半はエアサスペンション。“FH12”はすべてがエアサスペンショ

※写真は欧州仕様車

FH12の正面外観。

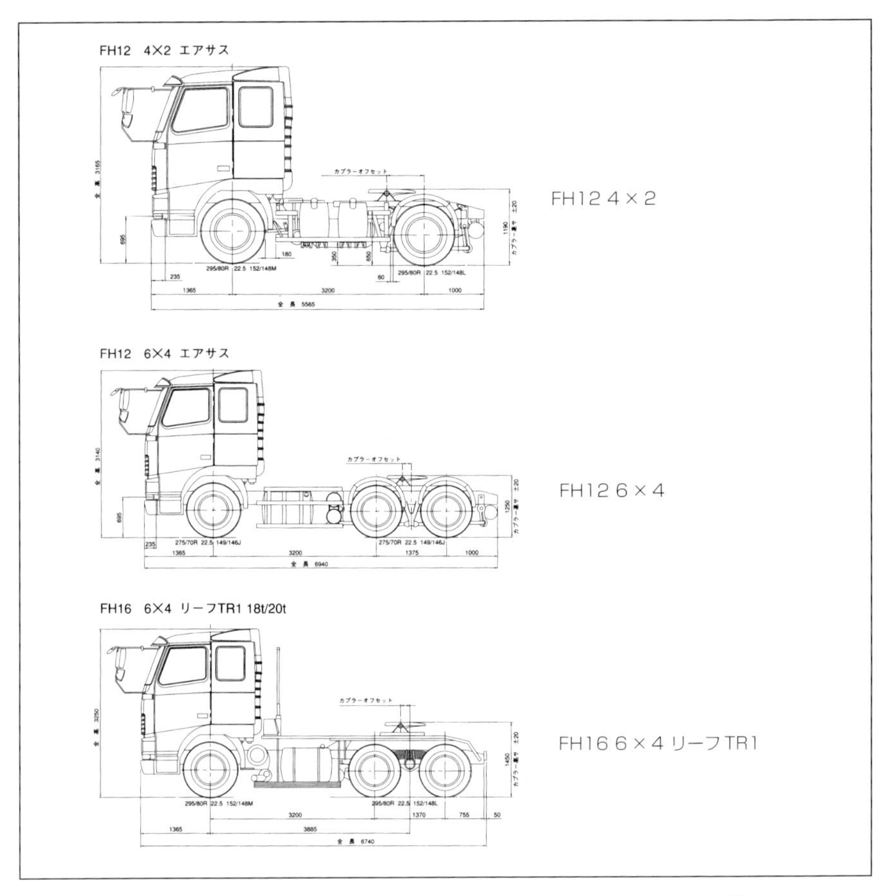

ンを採用。制動系ではVEB（ボルボ・エンジン・ブレーキ）が標準装備されている。これは排気ブレーキと圧縮圧解放式エンジンブレーキを組み合わせたもので、制動力を2段階に切り替えることができる。

トラクター＆トレーラーの構造
2019年2月15日新装版初版発行

著　者　GP企画センター
発行者　小林謙一

発行所　株式会社グランプリ出版
〒101-0051　東京都千代田区神田神保町 1-32
電話 03-3295-0005(代)　振替 00160-2-14691

印刷・製本　モリモト印刷株式会社

ISBN978-4-87687-362-3 C2053